Kohlhammer

Andrea E. Raab, Andreas Poost, Simone Eichhorn

Marketingforschung

Ein praxisorientierter Leitfaden

Verlag W. Kohlhammer

Alle Rechte vorbehalten
© 2009 W. Kohlhammer GmbH Stuttgart
Umschlagabbildung: © James Steidl – Fotolia.com
Gesamtherstellung:
W. Kohlhammer Druckerei GmbH + Co. KG, Stuttgart
Printed in Germany
ISBN 978-3-17-020750-9

Über die Verfasser

Prof. Dr. Andrea Raab lehrt seit 2000 Marketing und Allgemeine Betriebswirtschaftslehre an der Hochschule für Angewandte Wissenschaft Ingolstadt. Vor Ihrer Berufung an die Hochschule sammelte sie mehrjährige Industrieerfahrung und war u. a. in einem international tätigen Beratungsunternehmen beschäftigt. Ihr Branchenfokus liegt insbesondere auf den Gebieten Gesundheitswesen, Automobil(zuliefer)-industrie und Versicherungen, in denen sie über umfangreiches nationales und internationales Branchenwissen sowie vielfältige Projekterfahrung verfügt. In einer Vielzahl von Praxisprojekten fokussiert Frau Prof. Raab besonders die Bereiche Marketingforschung, Strategieentwicklung, Marketing Management und Prozessoptimierung. Frau Professor Raab referiert in zahlreichen Managementseminaren und publiziert regelmäßig die Ergebnisse Ihrer Forschungs- und Projektarbeiten in der Fachpresse.

Diplom-Betriebswirt (FH), M. B. A. Andreas Poost studierte Betriebswirtschaft an der Hochschule für Angewandte Wissenschaft Ingolstadt und an der Georgia Southern University (USA) mit den Studienschwerpunkten Marketing und Wirtschaftsinformatik. Im Anschluss absolvierte er ein Aufbaustudium zum Master of Business Administration (M. B. A.) im Bereich »International Project Management«. Für seine Masterarbeit zum Thema Marketingforschung wurde er 2007 mit dem bayerischen Kulturpreis der E. O. N. AG ausgezeichnet. Als wissenschaftlicher Mitarbeiter beschäftigte er sich am Institut für Angewandte Forschung Ingolstadt mit dem Thema Marketingforschung und bearbeitete für die AUDI AG umfangreiche Marketingforschungsprojekte.

Dipl.-Betriebswirtin (FH), M. B. A. Simone Eichhorn studierte Betriebswirtschaft und International Project Management an der Hochschule für Angewandte Wissenschaft in Ingolstadt. Sie verfügt über eine langjährige Erfahrung als Unternehmensberaterin, insbesondere in den Bereichen Strategieentwicklung, Marketingforschung und -management sowie Prozess-Reengineering. Zudem war Sie als Lehrbeauftragte für Marketingforschung und -strategie an der Hochschule für Angewandte Wissenschaft Ingolstadt tätig und forschte am dortigen Institut für Angewandte Forschung in Kooperation mit der AUDI AG in den Bereichen Marketingforschung und Prozessoptimierung.

Vorwort

Der Erfolgreichste im Leben ist der,
der am besten informiert wird.

Benjamin Disraeli

In der heutigen Zeit gibt es kaum ein Unternehmen, das ohne die Sammlung und Aufbereitung von aktuellen und gültigen Informationen zu Markt, Kunden, Wettbewerb und insbesondere auch zur eigenen Positionsbestimmung auskommt. Soll dies systematisch und fundiert geschehen, ist die Kenntnis über die entsprechenden Ansätze und Methoden eine conditio sine qua non.

Vor diesem Hintergrund und im Rahmen zahlreicher Forschungsprojekte, in denen gemeinsam mit Studenten und Partnern in kurzer Zeit Marktanalysen oder Kundenbefragungen zu konzipieren waren, hat das Autorenteam den Marketingforschungsprozess systematisch aufgezeichnet und jeder Phase entsprechende Methoden und Instrumente zugeordnet. Diese Aufzeichnungen wurden über einige Jahre hinweg als wichtiges Nachschlagewerk von Forschungsteams an der Hochschule und in Unternehmen genutzt – sie sind nun umfassend überarbeitet und konzentriert in dieses Buch eingeflossen.

Neben der übergreifenden Darstellung des gesamten Marketingforschungsprozesses in Kapitel 1 werden die einzelnen Phasen in den Kapiteln 2, 3 und 4 einer detaillierten Beschreibung unterzogen und korrespondierende Methoden und Instrumente erläutert, die in den jeweiligen Prozessschritten zum Einsatz kommen und deren Verständnis für die erfolgreiche Durchführung eines Marketingforschungsprojektes unerlässlich sind. Dabei wird stets auf die notwendige wissenschaftliche Fundierung Wert gelegt. Das Werk setzt aber grundsätzlich keine Kenntnisse in Marketingforschung oder Statistik voraus. Am Ende eines jeden Gliederungspunktes findet der geneigte Leser eine Auflistung von Tipps und Tricks, mit denen die Autoren hilfreiche Empfehlungen aus der Praxisarbeit weitergeben möchten. Kapitel 5 widmet sich der umfassenden Beschreibung eines kompletten Marketingforschungsprojektes aus der Praxis des Autorenteams, um dem Leser alle Schritte im Zusammenhang bezogen auf eine Untersuchungsthematik näher zu bringen.

Das Werk richtet sich insbesondere an folgende Zielgruppen:

- Studierende an Fachhochschulen, Universitäten, Berufsakademien und ähnlichen Institutionen, denen wissenschaftliche Sachverhalte anschaulich und mit Praxisbeispielen ergänzt, dargeboten werden sollen.
- Unternehmer, die eine fundierte Schritt-für-Schritt-Anleitung zur systematischen Erhebung und -analyse von Markt- Kunden- oder Wettbewerbsdaten suchen.
- Marktforscher von Industrie-, Dienstleistungs- und Handelsunternehmen, die spezifische Inhalte ihrer täglichen Arbeit vertiefen wollen und ein systematisches Nachschlagewerk benötigen.
- Berater, die Unternehmen bei der Entwicklung von Strategien unterstützen und dabei auf fundierte Sekundärdaten zurückgreifen wollen oder selbst Primärforschung betreiben müssen.

Eine Auflistung und detaillierte Beschreibung der in den Kapiteln als Beispiele angeführten Praxisprojekte befindet sich auf der Homepage von Prof. Andrea Raab (www.professor-raab.com). Hier können auch hilfreiche Materialien (Vorlesungsskript zum Schwerpunkt »Marketingforschung« der FH Ingolstadt, Interviewleitfäden, Fragebögen, Sampling-Pläne, Ergebnispräsentationen und Projektsteuerungstools aus einer Vielzahl von Marketingforschungsprojekten) heruntergeladen werden.

Gerne nehmen die Verfasser Anregungen und Hinweise zur Weiterentwicklung des Buches per E-Mail an andrea.raab@fh-ingolstadt.de entgegen.

Wir wünschen allen Leserinnen und Lesern viel Erfolg bei der Anwendung der aufgezeigten Schritte des Marketingforschungsprozesses und sind überzeugt, dass das Erforschen von marketingrelevanten Sachverhalten im Unternehmen viel Spaß machen kann. Hierzu wollen wir mit diesem praxisorientierten Leitfaden beitragen.

Für die kritische Durchsicht danken wir insbesondere Frau Jane O'Rourke und Herrn Klaus Legl.

Ingolstadt, im Herbst 2008   Andrea Raab,
                                                          Andreas Poost,
                                                          Simone Eichhorn

Inhaltsverzeichnis

1   Marktforschung im Kontext

Begriffe und Abgrenzungen

Schon Christoph Kolumbus wusste vor über 500 Jahren, dass zuverlässige Informationen für das Gelingen eines Unternehmens unbedingt nötig sind. Diese Feststellung gilt heutzutage mehr denn je. Wir leben in einer Informationsgesellschaft, was jedoch nicht zwangsläufig bedeutet, dass wir gut informiert sind.

Informationen stellen die Basis aller betriebswirtschaftlichen Entscheidungen in Unternehmen dar und bestimmen über den Erfolg oder Misserfolg von Strategien. Entscheidend ist hierbei nicht die Quantität der Daten, sondern die Verfügbarkeit von qualitativ hochwertigen Informationen zum richtigen Zeitpunkt im Planungsprozess. Dies gilt insbesondere für Entscheidungen, die im Rahmen des Marketing-Managements getroffen werden. Hier ist es wichtig zu wissen, wie sich die einzelnen Teilnehmer im Unternehmensumfeld verhalten bzw. welche Reaktionen auf bestimmte Marketingaktivitäten des Unternehmens von extern zu erwarten sind. Mit diesen Fragestellungen beschäftigt sich die Markt- bzw. Marketingforschung. Anwendungsgebiete sind die Produktforschung (z. B. Testmärkte), Werbe- und Mediaforschung (z. B. Werbewirksamkeitsanalysen), Preisforschung (z. B. Wettbewerbsvergleiche), Käuferforschung (z. B. Präferenzforschung), Absatzmittlerforschung (z. B. Standortanalysen) oder Konkurrenzforschung (z. B. Stärken-/Schwächenanalyse). Beispielhafte Fragestellungen können sein:

- Wie hoch ist das gegenwärtige Marktpotenzial/Marktvolumen und die momentane Marktwachstumsrate?
- Wie lassen sich aktuelle und potenzielle Kunden eines Unternehmens charakterisieren? Wie, wann, wo und warum kaufen sie die Produkte des Unternehmens bzw. Produkte der Wettbewerber?
- Welche Kundensegmente können vom Unternehmen profitabel bedient werden?
- Welche gegenwärtigen/potenziellen Wettbewerber gibt es? Welche Stärken und Schwächen haben die stärksten Wettbewerber des betrachteten Unternehmens, welche Strategien verfolgen diese?

- Wie reagiert der Markt auf die Kommunikationsaktivitäten des Unternehmens?

In der Praxis unterscheidet man die Begriffe »Marktforschung« und »Marketingforschung«. Der Begriff »Marktforschung« bezieht sich schwerpunktmäßig auf die Untersuchung von Sachverhalten außerhalb des Unternehmens (z. B. Arbeitsmarkt, Absatzmarkt, Rohstoffmarkt, Kapitalmarkt) (vgl. Meffert 2000). Im Speziellen werden die Absatz- und Beschaffungsmöglichkeiten eines Unternehmens sowie deren Potenziale und Risiken untersucht. Ziel ist es, relevante, aktuelle und marktbezogene Informationen zu erhalten, die als Entscheidungsgrundlage für die Definition von Marketingzielen bzw. die Initiierung von Marketingaktivitäten dienen.

Der Begriff »Marketingforschung« hingegen betrachtet außerbetriebliche **und** innerbetriebliche Informationen. Dies bedeutet, dass sowohl die Wirkung von Marketingaktivitäten wie z. B. Distributions-, Produkt-, Kommunikations- und Preispolitik als auch innerbetriebliche Sachverhalte untersucht werden wie z. B. Vertriebskosten oder Lagerprobleme (vgl. Meffert 2000). Hinsichtlich der außerbetrieblichen Informationsbeschaffung ist der Begriff »Marketingforschung« weniger umfassend, da die Beschaffungsmärkte keine Berücksichtigung finden. In Abbildung 1 sind die wesentlichen Unterschiede zwischen Markt- und Marketingforschung schematisch skizziert.

Abb. 1: Abgrenzung zwischen Markt- und Marketingforschung (vgl. Weis, Steinmetz 2005)

Im Rahmen eines »integrierten Marketings«, das eine durchgängige Ausrichtung aller Unternehmensbereiche an den Bedürfnissen des Kunden fordert, verwischt die Grenze zwischen Marktforschung und Marketingforschung zunehmend, da die Aktivitäten des Marketings nicht mehr nur auf die Absatzmärkte gerichtet sind, sondern alle Austauschbeziehungen eines Unternehmens umfassen (vgl. Koch 2004). Angelehnt an der klassischen Einteilung wird im Folgenden der Begriff Marketingforschung verwendet, da die hier beschriebenen Prozesse vorwiegend die Absatzmärkte in den Mittelpunkt rücken und sowohl externe als auch interne Informationen zur Problemlösung verwendet werden.

Kotler beschreibt die Marketingforschung als »die systematische Anlage und Durchführung von Datenerhebungen sowie die Analyse und Weitergabe von Daten und Befunden, die in bestimmten Marketingsituationen vom Unternehmen benötigt werden« (vgl. Kotler et al. 2007).

Die Marketingforschung erfüllt im Unternehmen folgende Funktionen (vgl. Bruhn 2007):

- **Anregungsfunktion:** Generierung von Impulsen für die Initiierung neuer Marketingaktivitäten, beispielsweise die Bearbeitung neuer Märkte, die Entwicklung neuer Produkte oder Produktverbesserungen, die Durchführung von Preisanpassungen.
- **Prognosefunktion:** Einschätzung der Veränderungen marketingrelevanter Faktoren in den Bereichen Markt, Kunden, Lieferanten, Handel, Konkurrenz und Umfeld sowie deren Auswirkungen auf das eigene Geschäft.
- **Bewertungsfunktion:** Unterstützung bei der Bewertung und Auswahl von Entscheidungsalternativen, z. B. bei Neuprodukten, Preisanpassungen, der Bearbeitung von Vertriebskanälen.
- **Kontrollfunktion:** Systematische Suche und Sammlung marketingrelevanter Informationen über die aktuelle Marktstellung des eigenen Unternehmens sowie die Wirksamkeit einzelner Marketinginstrumente.
- **Bestätigungsfunktion:** Erforschung von Ursachen des Erfolgs bzw. Misserfolgs von Marketingentscheidungen.

Um die benötigten Informationen für die jeweilige Problemstellung zielgerichtet zu erheben, orientiert sich die Marketingforschung an einem systematischen Prozess, der im Folgenden beschrieben wird.

Der Marketingforschungsprozess

Der Marketingforschungsprozess kann in vier Hauptphasen untergliedert werden. Die einzelnen Schritte sollten in der Praxis systematisch abgearbeitet werden, um zur Lösung eines spezifischen Marketingproblems zu gelangen. Dieser Prozess, der in Abbildung 2 schematisch dargestellt ist, bildet die Grundlage für dieses Buch und wird im Folgenden nur kurz erläutert, da jeder Prozessschritt im entsprechenden Kapitel ausführlich behandelt wird.

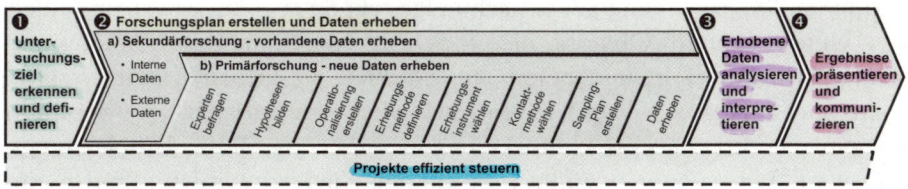

Abb. 2: Der Marketingforschungsprozess

1) Untersuchungsziel erkennen und definieren

Ausgangspunkt des Marketingforschungsprozesses ist grundsätzlich eine spezifische Marketingproblemstellung, mit der ein Unternehmen konfrontiert wird. In diesem ersten Schritt gilt es, unter Berücksichtigung der Ausgangssituation, das Ziel der Marketingforschungsuntersuchung genau einzugrenzen und auch im Detail festzuhalten, welche Themen Gegenstand der Untersuchung sind und welche nicht.

2) Forschungsplan erstellen und Daten erheben

In der zweiten Phase des Marketingforschungsprozesses beginnt die Informationssammlung. Dafür wird ein detaillierter Forschungsplan erstellt. Begonnen wird in der Regel mit einer intensiven Sekundärrecherche. Hier werden Daten gesammelt, die zu dem gesuchten Themengebiet bereits erhoben worden sind. Im günstigsten Fall finden sich bereits in dieser Prozessphase genügend Informationen, die zur Lösung der Marketingproblemstellung benötigt werden. Falls spezifischere Informationen gewünscht sind, müssen neue Daten im Rahmen der Primärforschung erhoben werden. In der Alltagssprache wird die Primärforschung häufig mit dem Überbegriff Marketingforschung gleichgesetzt, jedoch handelt es sich nur um einen Teilbereich.

3) Erhobene Daten analysieren und interpretieren

Die nächste Phase beschäftigt sich mit der Analyse und Interpretation der erhobenen Daten. Vor der eigentlichen Datenauswertung, mit Hilfe von statistischen Werkzeugen und Methoden, gilt es, die gesammelten Daten zu bereinigen und für die Datenanalyse vorzubereiten. Zur Analyse der Daten werden heutzutage überwiegend statistische Auswertungsprogramme verwendet, die sowohl einfache Häufigkeitsauszählungen als auch komplexe statistische Tests durchführen können. Das Ziel dieser Phase sollte sein, die erhobenen Informationen so zu verdichten, dass daraus Ableitungen für die zugrunde liegende Marketingproblemstellung getroffen werden können.

4) Ergebnisse präsentieren und kommunizieren

Marketingforschungsprojekte enden mit der Präsentation der Untersuchungsergebnisse vor den Entscheidungsträgern und der anschließenden Kommunikation im Unternehmen bzw. je nach Fragestellung auch im externen Umfeld des Unternehmens. Obwohl dieser Schritt am Ende des Marketingforschungsprozesses steht und bereits ein Großteil der Arbeit geleistet wurde, sollte nicht vergessen werden, dass das Ziel erst erreicht ist, wenn die gewonnenen Erkenntnisse kompakt und aussagekräftig für die Entscheidungsträger im Unternehmen aufbereitet und präsentiert wurden. Durch eine selektive und an den Informationsbedarf der einzelnen Adressaten angepasste

Kommunikation kann sichergestellt werden, dass die Ergebnisse zielgerichtet weiterverarbeitet und eingesetzt werden.

Projekte effizient steuern

Da Marketingforschungsprojekte, wie der Name schon sagt, idealerweise einer Projektorganisation unterliegen, kann das Projektmanagement als unterstützender Prozess über alle Phasen eines Marketingforschungsprojektes hinweg gesehen werden. Es kommen die klassischen Projektmanagementwerkzeuge und Controllinginstrumente zum Einsatz, welche unentbehrlich für die effiziente Steuerung eines Marketingforschungsprojekts sind. Das Thema Projektmanagement soll im weiteren Verlauf dieses Buchs nicht vertieft behandelt werden. Folgender Exkurs stellt die wichtigsten Anknüpfungspunkte im Rahmen eines Marketingforschungsprojektes dar.

Exkurs Projektmanagement

Jedes Projekt unterteilt sich in die Phasen Projektinitialisierung, Projektdurchführung und Projektabschluss. Die Projektinitialisierung beschäftigt sich grundlegend mit dem Aufbau und dem Ablauf eines Projektes (z. B. Projektorganisation, Zeitplanung, Zielvereinbarung, Kick-off). Es bietet sich an, in dieser Phase einen Lenkungsausschuss für das Projekt ins Leben zu rufen, der aus den wichtigsten Entscheidungsträgern des Projektes besteht und regelmäßig über den Projektfortschritt informiert wird bzw. die Ergebnisse des Projektes abnimmt. Hier können auch Probleme thematisiert werden, die einer Entscheidung bedürfen. Um alle Projektmitglieder auf den gleichen Informationsstand zu heben, sollte das Projekt in Form eines Kick-offs offiziell gestartet werden. Dort werden das Projekt und dessen Ziele kurz umrissen, die Projektorganisation etabliert und der Projektplan besprochen. Teilnehmer sind der Projektleiter mit seinen Projektmitarbeitern, der Projektauftraggeber bzw. der Lenkungsausschuss (vgl. Braehmer 2005).

An die Projektinitialisierung schließt sich die Projektdurchführung an. Eine wichtige Aufgabe in dieser Phase ist das Projektcontrolling, d. h. die Überwachung des Projektablaufes im Hinblick auf die zeitliche, inhaltliche und aufwandsseitige Zielerreichung. Zu diesem Zweck sollten in regelmäßigen Abständen Statusbesprechungen abgehalten werden. Dabei werden Abweichungen vom Soll-Zustand und deren Auswirkungen analysiert sowie Maßnahmen erarbeitet, um mit einer abgestimmten Vorgehensweise das Projektziel zu erreichen (vgl. Arens-Fischer, Steinkamp 2000). Mit Hilfe eines Statusberichts werden Fortschritt der Arbeitspakete, Termine, Verantwortlichkeiten und Beschlüsse schriftlich fixiert, sodass sie von jedem Projektmitglied eingesehen werden können und ein stärkerer Verbindlichkeitscharakter entsteht.

Der Projektabschluss ist der letzte Meilenstein eines Projektes, der in der Regel mit der Präsentation bzw. Dokumentation der Projektergebnisse erreicht wird. Zum Projektende sollte neben der Präsentation auch eine Abschlussbesprechung vereinbart werden, um den Projektverlauf zu reflektieren und Verbesserungspotenziale für zukünftige Projekte zu besprechen. Eine überschaubare kurze Niederschrift mit Tipps und Tricks für das nächste Projekt wird auch »Lessons Learned« genannt (vgl. Heimbold 2005). Das Zeitmanagement, die projektinterne und -externe Kommunikation sowie hilfreiche Projektmanagementmethoden (z. B. Konfliktmanagement) sind nur einige Punkte, die im Rahmen einer solchen Sitzung besprochen werden sollten.

Anhand der aufgezeigten Struktur werden nun in den folgenden Kapiteln einzelne Prozessphasen vertieft betrachtet. Der Schwerpunkt dieses Buches liegt auf der zweiten Phase des Marketingforschungsprozesses (»Forschungsplan erstellen und Daten erheben«), weil insbesondere die Primärforschung über eine Vielzahl an Instrumenten und Methoden verfügt, deren Einsatz die Güte der Marketingforschungsdaten maßgeblich mitbestimmt. Damit die Untersuchungsergebnisse verlässlich sind, müssen die Objektivität, die Reliabilität und die Validität der Informationen gewährleistet sein. Die Daten sind objektiv, wenn die erhobenen Messwerte unabhängig (d. h. unbeeinflusst) vom Durchführenden (z. B. Interviewer, Projektleiter, Auswerter) sind. Sie sind reliabel, wenn das Messergebnis bei einer wiederholten Messung unter konstanten Bedingungen stabil bleibt, also das Resultat frei von Zufallsfehlern ist. Eine Validität der Daten liegt vor, wenn die Untersuchung geeignete Kennzahlen für die zu untersuchende Fragestellung liefert (vgl. Koch 2004). Diese drei Bedingungen können nur erfüllt werden, wenn der Marketingforscher ein detailliertes Wissen über die Marketingforschungsmethoden und -instrumente besitzt und diese präzise einsetzen kann. Ziel dieses Buchs ist es, einen Überblick über die wesentlichen Datenerhebungsverfahren und über ausgewählte Analyseinstrumente und -methoden zu geben. Auf die letzte Projektphase »Ergebnisse präsentieren und kommunizieren« wird in diesem Buch nicht eingegangen. Praktische Vorschläge finden sich jedoch im Praxisbeispiel am Ende dieses Buchs, in dem die Durchführung eines Marketingforschungsprojektes geschildert und durch Beispiele veranschaulicht wird.

2 Untersuchungsziel erkennen und definieren

Der Anstoß für ein Marketingforschungsprojekt kann von verschiedenen Seiten kommen. Ausschlaggebend kann sowohl ein konkretes Marketing-problem im Unternehmen sein als auch eine Diskrepanz zwischen Plan- und Ist-Werten bei der Überprüfung der Marketingziele. Da zu Beginn eines Marketingforschungsprojektes die Aufgabenstellung noch sehr unscharf ist, sollte zunächst die Ausgangssituation konkretisiert werden, um Mehrarbeit und ungewollte Überraschungen, wie z. B. Missverständnisse hinsichtlich der Problemstellung, vorzubeugen. Hierzu wird in einem ersten Schritt das Marketingproblem genauer eingegrenzt und anschließend das Umfeld ana-lysiert, in dem sich das Projekt bewegt. Weitere Schritte in der ersten Phase des Marketingforschungsprozesses sind die Vereinbarung der Untersuchungs-ziele und die Wahl des Forschungsansatzes.

Beschreibung der Ausgangssituation

Die Ausgangssituation erläutert den Anlass, weshalb ein Marketingforschungs-projekt gestartet wurde und konkretisiert die zugrunde liegende Problem-stellung. Die exakte Beschreibung der Ausgangssituation ist von hoher Bedeutung, weil es durch eine unpräzise Definition im schlimmsten Fall passieren kann, dass an der grundlegenden Fragestellung vorbeigeforscht wird. Die Ausgangssituation stellt den Ist-Zustand des Unternehmens dar und beschreibt das Projektumfeld.

Typische Ist-Situationen in Unternehmen könnten beispielsweise die Markt-einführung eines neuen Produktes, die Erschließung neuer Märkte oder der Absatzrückgang eines am Markt etablierten Produktes sein. Aufgrund dieser Situationen ergeben sich für Unternehmen neue Herausforderungen, denen häufig im Rahmen einer Marketingforschungsuntersuchung begegnet wird. Ein weiteres Element der Ausgangssituation ist das Projektumfeld. Es umfasst externe Einflussfaktoren (z. B. Technologie, Politik, Wirtschaft), Projektrisi-ken (z. B. Probleme mit Mitarbeitern, finanzielle Risiken, technische Schwie-rigkeiten), Chancen und Potenziale, die sich aus dem Unternehmensumfeld ergeben (z. B. Projektbeitrag zur Erreichung von gesteckten Zielen, Input für die Unternehmensstrategie) und berücksichtigt den Einfluss von externen Interessensgruppen (z. B. Medien, Behörden, Wettbewerber) auf das Projekt (www.projektmagazin.de). Zur Analyse des Projektumfelds werden klassische Methoden wie beispielsweise die Projektumfeldanalyse, die PEST(EL)-Analyse oder Kreativitätstechniken eingesetzt.

Beispiel für die Ausgangssituation eines Marketingforschungsprojektes

Im Frühjahr 2010 möchte das Unternehmen XYZ ein neues Produkt auf den Markt bringen. Es handelt sich um eine Innovation aus dem Bereich Audio- und Multimedia, die bisher von keinem Unternehmen im Markt angeboten wird. Die Zielgruppe für das Produkt sind Personen im Alter von 30–50 Jahren mit einem gehobenen Haushaltsnettoeinkommen. Der Preis des Produktes soll zwischen 700 und 1000 € angesiedelt sein. Das Produkt wird über eine exklusive Vertriebsschiene angeboten, über die auch andere Hersteller ihre Produkte vertreiben. Das Unternehmen XYZ ist sich nicht sicher, ob der Hauptwettbewerber ein ähnliches Produkt entwickelt. Da es sich um eine Innovation handelt, existieren auf dem Markt bisher keine technischen Standards für dieses Produkt. Durch die hohen prognostizieren Marketingaufwendungen, die nötig sind, um das Produkt in den Markt einzuführen, droht das Projekt aus dem Budget zu laufen.

Aus der Ausgangssituation leitet sich schließlich die Problemdefinition ab. Sie legt die Richtung des Marketingforschungsprojektes fest und definiert die zur Lösung benötigten Informationen.

Beispiel einer Problemdefinition für das oben genannte Beispiel

Für das Unternehmen XYZ stellt sich nun die Frage, ob die Investition in das neue Produkt profitabel ist. Kann am Markt eine ausreichend hohe Stückzahl abgesetzt werden, um in Anbetracht der hohen Einführungsaufwendungen einen Gewinn zu erzielen? Welche Maßnahmen sind vom Wettbewerb zu erwarten? Welche Bedeutung hat das Fehlen von technischen Standards für die Kunden?

Die Darstellung der Ausgangssituation nennt man »Burning Platform«. Der Begriff wurde geprägt durch einen Vorfall auf der Ölplattform »Piper Alpha« in der Nordsee, auf der ein Brand ausgebrochen war. Ein Arbeiter konnte sich nicht rechtzeitig in Sicherheit bringen und wurde am Rand der Plattform von dem Flammenmeer eingeschlossen. Statt dem sicheren Tod im Feuer entschied sich der Arbeiter für den wahrscheinlichen Tod durch den Sprung von der über 30 Meter hohen Plattform in das eiskalte Meer – er überlebte. Seither wird der Begriff »Burning Platform« verwendet, um Situationen zu beschreiben, in denen ein Handeln erforderlich ist, weil ein nicht Handeln schlimmere Konsequenzen nach sich ziehen würde. Die Burning Platform hilft, die zentralen Aspekte eines Problems zu veranschaulichen und stellt sie prägnant und strukturiert dar. Durch sie lässt sich schnell erkennen, welche Faktoren bei der Lösung eines Problems besonders berücksichtigt werden müssen. Es gilt: Je übersichtlicher die Darstellung der Informationen, desto einfacher ist die systematische Bearbeitung eines Problems. Abbildung 3 zeigt, wie die Burning Platform beispielhaft dargestellt werden kann.

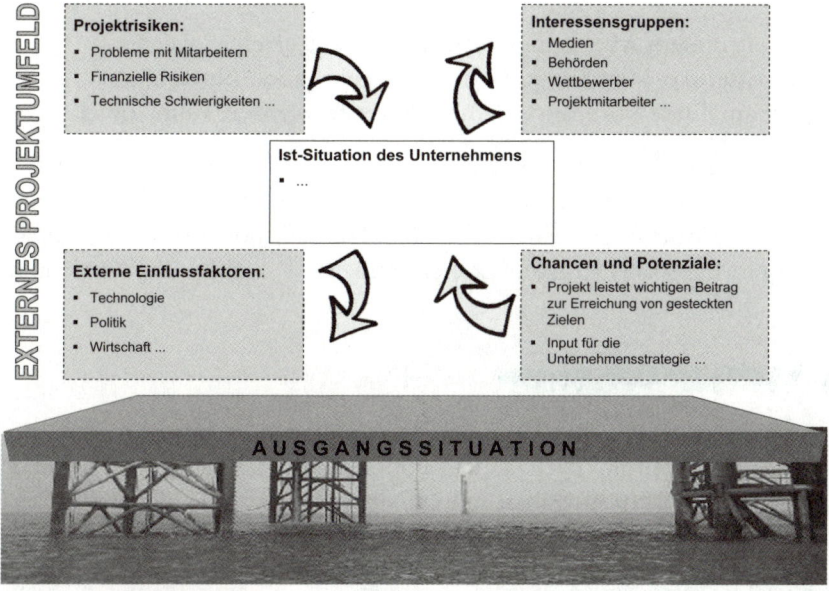

Abb. 3: Burning Platform

Untersuchungsziel festlegen

Auf Basis der Burning Platform sollten nun im nächsten Schritt die Untersuchungsziele festgelegt werden. Dies bedeutet eine Übersetzung der unpräzise formulierten Fragestellung am Anfang des Projektes in ein konkretes Forschungsproblem mit messbaren Ergebnisgrößen. Hier gilt ebenfalls – je greifbarer, desto besser. Die Ziele müssen so gewählt sein, dass am Ende des Marketingforschungsprojektes auf jede in der Problemstellung definierte Frage eine fundierte Antwort gegeben werden kann. Dies ist ein bedeutender Schritt, da eine zu enge Zieldefinition dazu führt, dass nicht genügend Informationen zur Problemlösung erhoben werden. Eine zu weite Definition endet hingegen in einer Informationsüberflutung.

Neben den inhaltlichen Zielen müssen auch die für die Untersuchung verfügbaren Ressourcen (Personal, Zeit, Budget) berücksichtigt werden.

Oftmals können etwa aufgrund eines sehr engen Zeitrahmens nur Teilbereiche einer Problemstellung detailliert untersucht werden. Aufgabenstellungen, die im Rahmen der Marketingforschungsuntersuchung beantwortet werden sollen, werden dabei als »in scope« bezeichnet, also als im Projektumfang enthalten. Aufgaben, die nicht Bestandteil des Projektes sind und bewusst ausgegrenzt werden, bezeichnet man als »out of scope«.

Für die Formulierung der Ziele sollte man sich folgenden Fragen stellen (vgl. Stöger 2007):

- Was soll mit diesem Marketingforschungsprojekt erreicht werden?
- Für wen stiftet das Marketingforschungsprojekt einen Nutzen?
- Was muss am Ende vorliegen, damit überprüft werden kann, ob das Ziel erreicht wurde?

Nur durch im Vorfeld definierte Ziele ist es möglich, den Erfolg eines Projektes nachzuvollziehen und zu messen. Dementsprechend sollte hinter jedem Ziel ein messbares Ergebnis stehen, anhand dessen die Zielerreichung überprüft werden kann.

Wahl des Forschungsansatzes

Im dritten Schritt erfolgt die Wahl eines geeigneten Forschungsansatzes, der die Basis für die Gestaltung der Datenerhebung und -analyse darstellt. Grundsätzlich werden je nach Aufgabenstellung drei verschiedene Ansätze unterschieden: die explorative, die deskriptive und die kausalanalytische Forschung.

Die explorative Forschung wird eingesetzt, wenn unzureichende bzw. unstrukturierte Kenntnisse über ein Marketingproblem existieren und die Problemstellung noch nicht präzise formuliert werden kann. Sie dient dazu, ein besseres Verständnis für das Untersuchungsproblem zu erhalten und wird zumeist im Vorfeld von deskriptiven oder kausalanalytischen Untersuchungen durchgeführt. Zusätzlich sollen aus der explorativen Forschung Ideen für neue Lösungsansätze gewonnen werden. Gebräuchliche Verfahren im Rahmen der explorativen Forschung sind Sekundärrecherchen, Gruppendiskussionen, Expertenbefragungen oder Beobachtungen.

> **Beispielfragestellung für einen explorativen Forschungsansatz:**
> Was bewegt Kunden dazu, die Innovation des Unternehmens XYZ zu kaufen?

Die deskriptive Forschung wird in der Praxis am häufigsten angewendet. Durch sie will man Sachverhalte oder Tatbestände quantitativ möglichst genau beschreiben (vgl. Kotler et al. 2007). Wenngleich eine Begründung des Sachverhalts ausbleibt – dies bleibt der kausalanalytischen Forschung vorbehalten. Bei

empirischen Erhebungen werden häufig Fragen der deskriptiven und kausalanalytischen Forschung in einem Untersuchungsinstrument kombiniert. Neben
der Sekundärrecherche sind repräsentative Befragungen und deren Sonderfor-
men (z. B. Panelerhebungen) typische Instrumente der deskriptiven Forschung.

Beispielfragestellung für einen deskriptiven Forschungsansatz:

Wie viele Kunden sind bereit, die Innovation von Unternehmen XYZ zu
einem Preis von 765 € zu kaufen?

Die kausalanalytische Forschung untersucht Ursache-Wirkungs-Zusammen-
hänge und hat die Aufgabe diese Zusammenhänge verlässlich zu erklären bzw.
deren Konsequenzen aufzuzeigen. Sie basiert in der Regel auf Hypothesen,
die im Laufe der Untersuchung verifiziert oder falsifiziert werden. Die reine
kausalanalytische Forschung bedient sich sehr oft des Experimentes. Ein
bekanntes Anwendungsgebiet für die kausalanalytische Forschung ist die
Erprobung von absatzpolitischen Maßnahmen.

**Beispielfragestellung für einen kausalanalytischen Forschungs-
ansatz in Form eines Produkttests (hier Preistest):**

Welche Auswirkungen hat eine Preissenkung um 50 € für die Innovation auf
den Absatz des Unternehmens?

Mit der Definition der Ausgangssituation, der Ziele und des Forschungs-
ansatzes wurde die erste Phase des Marketingforschungsprozesses durchlaufen.
Der zweite Prozessschritt beschäftigt sich nun mit der Detailplanung des
Informationsbedarfs und der Erhebung der benötigten Daten.

Tipps & Tricks

- Je konkreter die Untersuchungsziele definiert werden, desto weniger
  Probleme können im weiteren Verlauf eines Marketingforschungsprojektes auftreten. Lassen Sie sich genügend Zeit für die Definition des
  Untersuchungsziels, fixieren Sie Ihre Ziele immer schriftlich und stimmen diese mit den Entscheidungsträgern ab.
- Regelmäßige Statusmeetings mit den Auftraggebern, egal ob es sich um
  interne oder externe Auftraggeber handelt, stellen sicher, dass das Projekt in den gewünschten Bahnen verläuft und die erwarteten Projekt-
  ergebnisse erzielt werden.
- Die Untersuchungsziele sollten ehrgeizig, aber realistisch definiert sein.
  Eine weltweite Marktanalyse ist beispielsweise mit sehr viel Aufwand
  verbunden, eine Konzentration auf einen oder wenige Schlüsselmärkte
  stellt für ein überschaubares Marketingforschungsprojekt eine sinnvolle
  Zielsetzung dar.

3 Forschungsplan erstellen und Daten erheben

Ausgerichtet an den Zielen, die im ersten Schritt des Marketingforschungs-prozesses festgelegt wurden, wird nun der exakte Informationsbedarf bestimmt sowie die Quellen, aus denen die Informationen gewonnen werden können. Man unterscheidet zwischen Sekundär- und Primärdaten. Unter Sekundärdaten versteht man bereits vorhandenes Informationsmaterial, das in der Regel für einen anderen Zweck zusammengetragen wurde. Folglich bezeichnet man die Untersuchung von Sekundärdaten als Sekundärforschung oder Desk Research. Primärdaten sind hingegen Daten, die neu und speziell für die vorgegebene Problemstellung erhoben werden (vgl. Kotler et al. 2007). Die Auswahlentscheidung, welche Quellen zur Informationssammlung ver-wendet werden, wird von der Qualität der zu erwartenden Ergebnisse, dem mutmaßlichen Zeit- und Kostenaufwand sowie der personellen Kapazität bestimmt (vgl. Berekoven et al. 2006). Abbildung 4 zeigt die Methoden der Primär- und Sekundärforschung in einer Übersicht.

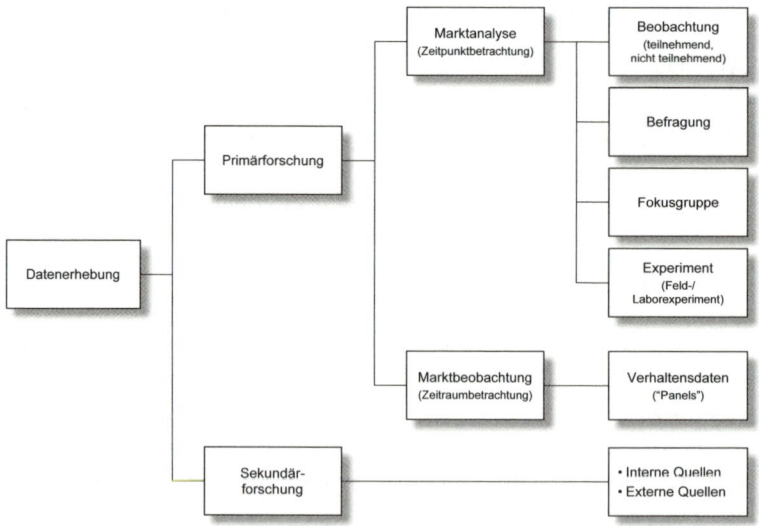

Abb. 4: Primärforschung vs. Sekundärforschung
(vgl. Kotler et al. 2007; Hammann, Erichson 2006)

Ein professioneller Forschungsplan beschreibt schließlich die einzelnen Schritte der Informationssammlung. Er formuliert im Falle der Primärforschung Hypothesen aus der Problemstellung, zerlegt diese in empirisch untersuchbare Einzelteile, legt die Erhebungsmethode, das Erhebungsinstrument, den Sampling-Plan (Stichprobenplan) und die Kontaktmethode fest. Im Folgenden sollen nun die einzelnen Schritte zur Erstellung eines Forschungsplans erläutert werden.

3-1 Sekundärforschung – vorhandene Daten erheben

Bei der Erstellung des Forschungsplans ist zunächst zu klären, welche Quellen für die Informationssammlung in Frage kommen. Da sie nicht eigens erhoben werden müssen, sind Sekundärdaten in der Regel kostengünstiger und schneller verfügbar. Aus betriebswirtschaftlicher Sicht empfiehlt es sich, zuerst mit einer ausgiebigen Sekundärforschung zu starten und die danach noch fehlenden Informationen durch eine neue Datenerhebung zu ermitteln. Die Sekundärdaten können dabei auch konkrete Hinweise für die Durchführung einer späteren Primäruntersuchung geben.

Sekundärdaten wurden zwar ursprünglich vor dem Hintergrund einer anderen Problemstellung erhoben, sollten jedoch unter Berücksichtigung der Rahmenbedingungen des aktuellen Forschungsproblems gesammelt, analysiert und ausgewertet werden (vgl. Berekoven et al. 2006). Die möglichen Vorteile und Nachteile von Sekundärdaten werden in folgender Tabelle dargestellt (vgl. Weis, Steinmetz 2005).

Tabelle 1: Mögliche Vor- und Nachteile der Sekundärforschung

Sekundärforschung	
Vorteile	Nachteile
• kostengünstige Informationsbeschaffung • schnelle Datenerhebung • Lieferung von Spezialdaten (z. B. volkswirtschaftliche oder demografische Gesamtdaten), die einzelne Unternehmen nur schwer oder überhaupt nicht erheben können • Erleichterung der Einarbeitung in die Problemstellung • Eingrenzung der Erhebungsarbeit für die Primärforschung	• Unsicherheit bzgl. der Genauigkeit und Vertrauenswürdigkeit des Datenmaterials • Geringe Relevanz oder Detailtiefe der Daten für das aktuelle Forschungsproblem • Unsicherheit bzgl. der Aktualität der Daten • Mangelnde Datenvergleichbarkeit zu anderen Erhebungen • Keine Verfügbarkeit der Originaldaten, stattdessen nur komprimierte Ergebnisberichte

Man unterscheidet interne und externe Sekundärdaten. Interne Daten sind Informationen, die innerhalb des Unternehmens zur Verfügung stehen (z. B. innerbetriebliche Statistiken, Kostenrechnungsberichte). Externe Daten werden hingegen im Unternehmensumfeld generiert und sind der Allgemeinheit zugänglich, wie z. B. amtliche Statistiken, Publikationen, Datenbanken. Externe Daten sind häufig kostenpflichtig.

Die internen Sekundärdaten finden sich überwiegend in den betrieblichen Informationssystemen und sollten in der Regel leicht auslesbar und nutzbar sein. Zudem sind häufig Informationen zu spezifischen Fragestellungen dezentral in den einzelnen Fachabteilungen eines Unternehmens oder in den Informationssystemen von anderen Interessensträgern (z. B. Lieferanten) abrufbar. Zu den typischen internen Sekundärdaten zählen (vgl. Koch 2004; Kotler et al. 2007):

- Unterlagen der Kostenrechnung (z. B. Deckungsbeitragsrechnung, Erfolgsrechnung)
- Buchhaltungsunterlagen (z. B. Gewinn- und Verlustrechnung, Bilanz)
- Statistiken (z. B. Reklamationen, Produktionszahlen, Lagerbestände)
- Marketinginformationen (z. B. Absatzentwicklung, Werbeaufwendungen)
- Außendienstberichte (z. B. Besuchsberichte, Angebote, Aufträge)
- Berichte aus früheren Sekundär- und Primärforschungen

Da die Informationen aus den internen Datenquellen meist nicht erschöpfend sind, um eine vorliegende Problemstellung umfassend zu beleuchten, werden zusätzlich externe Datenquellen herangezogen. Neben den zahlreichen externen Quellen wie Ämter, Institute, Verbände etc. tritt zunehmend das Internet als Informationslieferant in den Vordergrund. Dort sind die Daten häufig aktueller, schneller, gezielter und preisgünstiger abzurufen. Allerdings ist eine hohe Qualität der Informationen nicht immer gewährleistet, weshalb Internetquellen sehr sorgfältig zu prüfen sind. Externe Daten lassen sich nochmals in frei zugängliche Daten und kostenpflichtige Informationen einteilen. In der folgenden Aufzählung sind die wichtigsten externen Datenquellen genannt (vgl. Kotler et al. 2007; Nieschlag et al. 2002). Hilfreiche Adressen für Sekundärdaten finden Sie im Anhang dieses Buchs.

a) Berichte von öffentlichen Stellen und Wirtschaftsverbänden
  - Amtliche Quellen
    – Statistisches Bundesamt, statistische Landesämter, kommunale statistische Ämter
      (z. B. statistische Jahrbücher, Außenhandelsberichte, Umsatzstatistiken, regionale/kommunale Wirtschafts- und Demografiedaten)
    – Bundesministerien, Landesministerien, Regionalverwaltungen
      (z. B. Berichte aus den Ministerien für Landwirtschaft, Ernährung,

Wirtschaft, Berichte aus dem Kraftfahrtbundesamt, Berichte aus der Bundesagentur für Arbeit)
- Internationale Behörden und ausländische statistische Ämter
  (z. B. Eurostat, CIA – The World Fact Book, EFTA, OECD, UNCTAD/ GATT, FAO, IMF, Weltbank, Vereinte Nationen)
- Verbände und Organisationen
  - Industrie- und Handelskammern, Wirtschaftsverbände
    (z. B. Wirtschaftszweigdaten auf regionaler Ebene, Betriebsvergleiche)
  - Fachverbände
    (z. B. branchenspezifische Daten und Statistiken für bestimmte Wirtschafts-zweige)

b) Veröffentlichungen spezieller Institute und Marktforschungsdienstleister
   (z. B. Ifo-Institut, DIW, GfK, Psychonomics, Psyma, TNS Infratest)

c) Wirtschaftspresse, Fachzeitschriften, Bücher
   (z. B. Handelsblatt, Wirtschaftswoche, Absatzwirtschaft)

d) Firmenveröffentlichungen
   (z. B. Geschäftsberichte, Presseberichte, Preislisten, Prospekte)

e) Elektronische Datenbanken, -vermittlungsorganisationen, Information-Broker, Internet
   (z. B. FIZ-Technik, GENIOS, Wer liefert was?)

Tipps & Tricks

- Es ist unabdingbar, bereits während der Sekundärrecherche strukturiert zu protokollieren, welche Quellen analysiert werden. Bei Internetquellen ist dabei immer das Abrufdatum anzugeben. Dies erleichtert die Verifizierung der getroffenen Aussagen im Nachgang des Projektes.
- Es sollte stets die Originalquelle einer Information herangezogen werden.
- Quellen sollten auch bei Projektpräsentationen angegeben werden und den einzelnen Aussagen zuordenbar sein.
- Insbesondere bei Internetquellen ist die Aktualität der Daten zu prüfen.
- Stützen Sie Ihre Recherche nicht nur auf Internetquellen. Häufig findet sich im Internet nur ein Verweis auf mögliche Informationen, die auf Anfrage weitergegeben werden. Scheuen Sie nicht den Aufwand – oft genügt ein kurzer Schriftverkehr oder ein Gespräch, um weitere interessante Informationen zu erhalten.
- Hochschulen und wissenschaftliche Institutionen sollten als Informationslieferanten in die Sekundärrecherche miteinbezogen werden, da sie sich im Rahmen ihrer Forschungsaktivitäten häufig intensiv mit innovativen Themenstellungen auseinandersetzen. Ebenfalls lohnt sich die Kooperation mit Hochschulen, um Problemstellungen beispielsweise im

Rahmen von Studentenprojekten oder Abschlussarbeiten untersuchen zu lassen (siehe nächstes Kapitel).
- Verbindungen zu Verbänden oder anderen Institutionen können nützlich sein, um an weitere interessante Sekundärinformationen zu kommen.

3-2   Primärforschung – neue Daten erheben

Können aus den Sekundärquellen nicht ausreichend viele Informationen gewonnen werden, um das Untersuchungsproblem umfassend zu beleuchten, ist die Erhebung von Primärdaten (field research) notwendig. Die Daten, die im Rahmen der Primärforschung gesammelt werden, sind spezifisch auf die zugrunde liegende Problemstellung zugeschnitten. Durch eine eigens durchgeführte Datenerhebung entstehen in der Regel höhere Kosten als bei der Sekundärrecherche.

Die Konzeption einer Primäruntersuchung erfordert eine Reihe von Detailentscheidungen. Zunächst empfiehlt es sich, das Untersuchungsproblem im Rahmen einer Expertenbefragung noch einmal genau zu analysieren, um das grundlegende Verständnis für die Problemstellung zu schärfen. In den nächsten Schritten – Hypothesenbildung und Operationalisierung – werden zunächst konkrete Vermutungen (Hypothesen) formuliert, die daraufhin in mess- und prüfbare Indikatoren zerlegt und in der Primäruntersuchung untersucht werden. Anschließend wird die grundsätzliche Vorgehensweise bei der Datenerhebung definiert, die sich aus der Komposition der speziellen Methodenelemente ergibt. Hierzu gehört die Festlegung der Erhebungsmethode, des Erhebungsinstruments, des Sampling-Plans (Stichprobenplan) und der Kontaktmethode. Die Prozessphase Primärforschung endet mit der tatsächlichen Erhebung der Daten.

Abbildung 5 zeigt die einzelnen Schritte in einer Übersicht, an der sich nun die folgenden Unterkapitel orientieren.

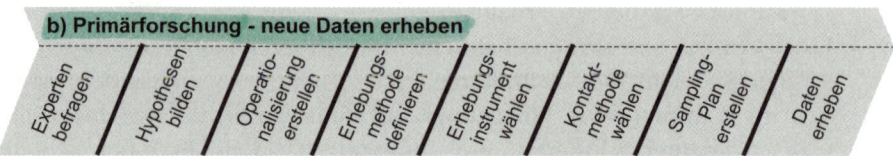

Abb. 5: Die Primärforschung im Überblick

3-2 a   Experten befragen

Expertenbefragungen werden von jeher als probates Mittel der Informationssammlung in Marketingforschungsprojekten eingesetzt. Im Rahmen der
Prognoseforschung sollen sie beispielsweise schnell Erkenntnisse und Vorher-
sagen über zukünftige Entwicklungen zu Tage fördern, die empirisch nur
schwer erfasst werden können (z. B. Absatzprognosen für neue Produkte, über
die noch wenige Informationen vorliegen). Im Kontext der hier betrachteten
gegenwartsbezogenen Marketingforschung sollen durch das Wissen, die
Erfahrungen und die Meinungen der Experten die Problemstellung schneller
erfasst und unklare Sachverhalte konkretisiert werden. Zudem geben Experteninterviews Hinweise auf mögliche Hypothesen, die es im Laufe des
Marketingforschungsprojektes zu prüfen gilt. Expertenbefragungen sollten
immer erst nach einer ausgiebigen Sekundärrecherche durchgeführt werden,
da das Expertenwissen ohne Kenntnis der Grundlagen nicht umfassend
verstanden werden kann. Experten sind Personen, die ein fundiertes Fachwissen in einem speziellen Gebiet besitzen und i. d. R. auf eine langjährige
Erfahrung zurückgreifen können wie z. B. Wissenschaftler, Journalisten, Füh-
rungskräfte, Produktmanager oder erfahrene Vertriebsmitarbeiter (vgl. Koch
2004). Geeignete Experten finden sich in der Regel über eine gezielte
Sekundärrecherche. Auch Fachverbände geben meist gerne Auskunft oder
stellen den Kontakt zu Spezialisten her.

Im Folgenden sind die Ziele einer Expertenbefragung aufgelistet:

• Gewinnung von zusätzlichen Informationen zu der Thematik/Problem-
  stellung
• Beleuchtung des Themas aus den unterschiedlichen Blickwinkeln der
  Experten
• Validierung der Informationen aus der Sekundärforschung und Klärung von
  offenen Fragen
• Bildung erster Hypothesen zur Problemstellung
• Sammlung von Informationen zu möglichen Lösungsansätzen, Chancen
  und Risiken

Expertenbefragungen werden im Regelfall als weitgehend offene Interviews
geführt, d. h. der Interviewer ist nicht starr an eine vollständig vorgegebene
Interviewstruktur oder feste Fragenreihenfolge gebunden, sondern kann bei
Bedarf auf interessante Aspekte näher eingehen. Dennoch ist es sinnvoll, einen
Interviewleitfaden mit den wichtigsten Fragen und Notizen zu erstellen, der
den ungefähren Ablauf des Interviews festlegt. Dies hat den Vorteil, dass man
verschiedene Experteninterviews miteinander vergleichen kann und die zentralen Fragestellungen in allen Interviews behandelt werden. Der Inter-

viewleitfaden sollte überwiegend offene Fragen enthalten, d. h. Fragen, bei denen keine Antwortkategorien vorgegeben sind und somit das Antwortverhalten des Befragten nicht eingeschränkt ist. Anhaltspunkte für die inhaltliche Ausgestaltung des Leitfadens liefert die Sekundärforschung. Eine Strukturierung des Leitfadens nach verschiedenen Themenblöcken erleichtert die Durchführung des Interviews, aber auch die spätere Konsolidierung und Analyse der Antworten. Weitere Informationen zu Fragetechniken bzw. der Fragebogengestaltung finden Sie in den folgenden Kapiteln.

Die Befragungen werden entweder als Einzelbefragungen oder in Form einer so genannten Expertenrunde (siehe Fokusgruppe im Kapitel »Erhebungsmethode definieren«) durchgeführt. In Einzelbefragungen werden die Experten unabhängig voneinander befragt. Dadurch ist es möglich, interessante Themen vertieft zu behandeln und stärker auf die individuelle Erfahrung des Experten einzugehen. Im Rahmen von Expertenrunden diskutieren mehrere Experten die unterschiedlichen Themen und gelangen im Idealfall zu einem Konsens. Über diese Art der Gruppenbefragung kann in relativ kurzer Zeit ein breites Spektrum an verschiedenen Ansichten und Ideen gewonnen werden. Durch die Interaktion der Teilnehmer können sich zudem neue Sichtweisen herauskristallisieren. Während der Interviewer bei einer Einzelbefragung proaktiv für die Sammlung der benötigten Informationen einstehen muss, ist dessen primäre Aufgabe bei einer Expertenrunde, die Diskussion zu starten und gegebenenfalls zu moderieren. Die Expertenbefragung wird vorzugsweise persönlich durchgeführt werden. Falls jedoch nicht anders möglich, kann sie auch telefonisch erfolgen.

Praxisbeispiel – »Fit for the Future – Qualität und Innovation im Krankenhaus«

Im Folgenden finden Sie ein Beispiel für einen Expertenfragebogen aus dem Projekt *»Fit for the Future – Qualität und Innovation im Krankenhaus«*, das im Rahmen des Marketingschwerpunktes an der Fachhochschule Ingolstadt durchgeführt wurde. Zunächst eine kurze Beschreibung des Projektes:

Problemstellung des Projektes

Die deutschen Krankenhäuser haben zunehmend mit Überkapazitäten zu kämpfen und müssen diese abbauen. Zusätzlich müssen hohe Qualitätsstandards eingehalten werden, um auf dem deutschen Krankenhausmarkt bestehen zu können.

Untersuchungsziele

- Bewertung, inwieweit die deutschen Krankenhäuser derzeit gerüstet sind, die zukünftigen Herausforderungen zu stemmen.
- Identifikation der Maßnahmen, die Krankenhäuser (zukünftig) treffen müssen, um nachhaltig erfolgreich zu sein.

Auszug aus einem Expertenfragebogen

Expertenbefragung:

Basis für den folgenden Fragebogen sind fünf aus der Sekundärrecherche identifizierte Erfolgsfaktoren, die den Krankenhaussektor in Zukunft maßgeblich beeinflussen werden.

1. Statistische Angaben
   - Name des Experten: _____
   - Position/Funktion: _____
   - Institution/Krankenhaus: _____

2. Kundenorientierung
2.1 Wie wird sich das Leistungsspektrum der Krankenhäuser in Zukunft verändern?
2.2 . . .

3. Kostenposition
3.1 Sind die Prozesse über den gesamten Versorgungsprozess definiert und dokumentiert?
3.2 . . .

4. Qualität der medizinischen Leistung
4.1 Wie wird medizinische Qualität definiert und gemessen?
4.2 . . .

5. Versorgungsnetzwerke
5.1 Welche Trends und Entwicklungen im Krankenhaussektor gibt es bei den Versorgungsnetzwerken?
5.2 . . .

6. Innovations- und IT-Exzellenz
6.1 Welche Krankenhausinformationssysteme sind Ihnen bekannt?
6.2 . . .

7.   Zum Schluss

7.1   Nennen Sie 3 Stärken und 3 Schwächen Ihres Krankenhauses im Bezug auf zukünftige Herausforderungen.

7.2   Bitte bewerten Sie folgende Thesen:

7.2.1 Nicht-öffentliche Krankenhäuser haben eine größere Anzahl an Kooperationspartnern als öffentliche Krankenhäuser.

7.2.2 . . .

Tipps & Tricks

- Eine große Herausforderung der Expertenrunde besteht in der Terminfindung. Mehrere hochkarätige Experten zu einem bestimmten Zeitpunkt an einen Tisch zu bekommen, kann ein sehr aufwendiges Unterfangen sein. Sollten Sie in Ihrem Projekt unter Zeitdruck stehen, interviewen Sie die Experten besser sequentiell, unter Umständen auch telefonisch.
- Ein nicht zu vernachlässigendes Problem der Expertenbefragung ist es, dass die Aussagen der Experten durch deren subjektive Einstellung und Wünsche zweckdienlich verzerrt werden könnten. Deshalb sollten Sie die getroffenen Aussagen noch einmal kritisch hinterfragen und wenn möglich durch mehrere Experten absichern lassen.
- Es sollten sich aus der Expertenbefragung konkrete Hinweise zur Ausgestaltung des Untersuchungsinstruments der Primäruntersuchung (z. B. Fragestellungen, Themenblöcke, Antwortkategorien) ableiten lassen.
- Durch Verschicken des Expertenleitfadens im Vorfeld der Kontaktaufnahme sind die Experten eher bereit, an einem Interview teilzunehmen.
- Zur zusätzlichen Motivation der Experten für eine Teilnahme an der Befragung ist es empfehlenswert, Auszüge aus den Ergebnissen der Expertenbefragung in Aussicht zu stellen.

3-2 b Hypothesen bilden

Marketingforschungsprojekte werden ins Leben gerufen, weil vermutet wird, dass durch die Beschreibung bzw. Erklärung von bestimmten Sachverhalten die Entscheidungssituation im Unternehmen unterstützt bzw. verbessert wird. Solche Vermutungen stellen das Anfangswissen der Marketingforschung dar – es handelt sich um erste Hypothesen. Hypothesen sind allgemeine Aussagen über Zusammenhänge zwischen empirischen oder logischen Sachverhalten (z. B. »Je älter die Käufer, desto höher die Akzeptanz von Produkt X«). Sie postulieren generell eine Beziehung zwischen mindestens zwei Variablen (Merkmalen) (vgl. Schnell et al. 2008).

Auf Basis der im Rahmen der Marketingforschungsuntersuchung definierten Ziele und der Ergebnisse aus der Sekundärforschung bzw. Expertenbefragung werden Ausgangshypothesen formuliert, welche die Zielrichtung der Untersuchung verdeutlichen sollen und statistisch geprüft werden. Ziel einer Marketingforschungsuntersuchung ist es, die aufgestellten Ausgangshypothesen mit Hilfe der gesammelten Daten beantworten zu können. Des Weiteren wird durch die statistische Prüfung der Hypothesen sichergestellt, dass die Untersuchungsergebnisse, die in der Regel über eine Strichprobe erhoben werden (näheres im Kapitel »Sampling-Plan erstellen«), die Realität richtig abbilden. Als Ergebnis werden die Hypothesen entweder bestätigt (nicht falsifiziert) oder abgelehnt (falsifiziert). Durch die statistische Hypothesenprüfung wird die Qualität der Untersuchungsergebnisse untermauert oder relativiert. Deshalb gehört die Prüfung von Hypothesen in jede fundierte Marketingforschungsuntersuchung zur Entscheidungsfindung (vgl. Kamenz 2001). Bereits durch die Formulierung der Hypothesen wird eine Indikation gegeben, welche Erhebungsmethoden und Instrumente in den nächsten Phasen gewählt werden müssen, um die notwendigen Daten zu erhalten. Deshalb muss die Datenerhebung konkret an den Erfordernissen der Hypothesen ausgerichtet werden. Obwohl es wichtig ist, dass man sich bereits bei der Hypothesenbildung Gedanken über die Untersuchungsmethoden bzw. -instrumente macht, können die gebildeten Hypothesen in den späteren Phasen der Primärerhebung an neue Erkenntnisse oder Erfordernisse angepasst, d. h. umformuliert oder ergänzt werden.

Beispiel zur Hypothesenbildung

Im Rahmen eines Marketingforschungsprojektes sollen für die Schlaganfallbehandlung in Krankenhäusern Best Practices identifiziert und Verbesserungspotenziale aufgezeigt werden. Die Ausgangshypothese für diese Themenstellung könnte folgendermaßen lauten: »Verschiedene Krankenhäuser behandeln Schlaganfälle unterschiedlich erfolgreich.«

Für die Konkretisierung des Untersuchungsziels genügt in obigem Beispiel eine einzelne Ausgangshypothese, aus der die benötigten Messgrößen für das später aufzustellende Untersuchungskonzept abgeleitet werden können. Für vielseitigere Problemstellungen können auch mehrere Ausgangshypothesen aufgestellt werden.

Hypothesen werden in der Regel mit Hilfe von logischen Operationen wie »wenn – dann« (z. B.: Wenn ein Kunde eine Marke als gut bewertet, dann steigt die Wahrscheinlichkeit, dass er die Produkte dieser Marke weiterempfiehlt) oder »je – desto« (z. B.: Je niedriger der Anschaffungspreis, desto höher die Kaufwahrscheinlichkeit für das Produkt) formuliert (vgl. Hermann et al.

2007). Um die Hypothesen nach der Datenerhebung statistisch prüfen zu können, müssen zusätzliche Konventionen eingehalten werden (siehe Kapitel »Erhobene Daten analysieren und interpretieren«). Im Wesentlichen gelten für Hypothesen folgende Richtlinien. Hypothesen müssen (vgl. Kamenz 2001):

- operationalisierbar sein, d. h. mess- und prüfbar gemacht werden können.
- mindestens zwei Begriffe (meist Merkmale bzw. Variablen) enthalten.
- falsifizierbar sein, d. h. es muss ein Fall existieren, bei dem die Hypothesen abgelehnt werden können.
- realitätsnah formuliert sein, d. h. die Begriffe sind auf Wirklichkeitsphänomene hin operationalisierbar.
- möglichst exakt und eng an der Problemstellung angelehnt sein.
- frei von Redundanzen (nicht tautologisch) sein, d. h. ein Begriff deckt den anderen semantisch nicht ab.
- widerspruchsfrei sein, d. h. ein Begriff schließt den anderen semantisch nicht aus.
- Aussagen und keine Fragen darstellen.
- die empirischen Geltungsbereiche implizit oder explizit aufzählen.

Hypothesen lassen sich nach der Richtung und nach der Art klassifizieren:

Klassifikation nach der Richtung (vgl. Stier 1999):

- Gerichtete (einseitige) Hypothesen formulieren die Richtung eine Unterschieds oder Zusammenhangs. Beispiel: Je höher die Akzeptanz des Produktes X bei den Käufern, desto höher der Absatz.
- Ungerichtete (zweiseitige) Hypothesen spezifizieren nicht die Richtung des Unterschieds oder Zusammenhangs. Beispiel: Das Produkt X wird von verschiedenen Käufergruppen unterschiedlich akzeptiert.

Klassifikation nach der Art (vgl. Botz, Döring 2006):

- Verteilungshypothesen betrachten nur die Verteilung eines Merkmals (Variable). Beispiel: An der Fachhochschule Ingolstadt gibt es mehr männliche Studenten als weibliche.
- Zusammenhangshypothesen formulieren Annahmen über einen erwarteten Zusammenhang zwischen mindestens zwei Merkmalen (Variablen). Beispiel: Es gibt einen Zusammenhang zwischen dem Alter und dem Informationsverhalten der Käufer.
- Unterschiedshypothesen formulieren einen Unterschied zwischen Merkmalen, der auf die unterschiedliche Zugehörigkeit zu mindestens zwei Gruppen zurückzuführen ist. Beispiel: Männer haben einen höheren Akzeptanzwert für das Produkt X als Frauen.

- Veränderungshypothesen formulieren Annahmen über die Veränderung eines Merkmals (Variable) im Laufe der Zeit. Beispiel: Wiederholte Werbung für Produkt X erhöht die Kaufbereitschaft.

> **Beispiel für die Hypothesenklassifikation**
>
> Bei oben genannter Ausgangshypothese »Verschiedene Krankenhäuser behandeln Schlaganfälle unterschiedlich erfolgreich«, handelt es sich um eine ungerichtete Zusammenhangshypothese. Sie formuliert einen Zusammenhang zwischen dem Erfolg bei Schlaganfallbehandlungen und individuellen Krankenhäusern.

Damit die passenden Daten zur Beantwortung der Ausgangshypothesen erhoben werden können, müssen die Hypothesen im nächsten Schritt operationalisiert bzw. messbar gemacht werden.

Tipps & Tricks

- Zweck der Hypothesenbildung ist es nicht, eine möglichst hohe Anzahl an Hypothesen zu generieren. Wenige aussagekräftige Hypothesen erleichtern die Strukturierung und Lösung der Problemstellung.
- Hypothesen aus der Expertenbefragung sollten erste Hinweise zur Formulierung der Ausgangshypothesen geben.

3-2c Operationalisierung erstellen

In diesem Prozessschritt werden die in den Ausgangshypothesen enthaltenen Begriffe in empirisch messbare Einzelteile zerlegt.

> **Beispiel eine Ausgangshypothese**
>
> Aus der Ausgangshypothese »Verschiedene Krankenhäuser behandeln Schlaganfälle unterschiedlich erfolgreich« lassen sich die Begriffe »Krankenhaus« und »Erfolg« extrahieren.

Begriffe werden in der Marketingforschung in quantitativ und qualitativ messbar unterteilt. Für quantitativ messbare (beobachtbare) Begriffe (z. B. Umsatz, Absatzmenge) liegen konkrete Maßstäbe vor, welche eine Messung im Rahmen einer Untersuchung unproblematisch machen. Qualitativ messbare (nicht beobachtbare) Begriffe hingegen (z. B. Akzeptanz, Zufriedenheit) haben keine allgemeingültigen, verlässlichen Maßstäbe, Messeinheiten oder Indikatoren mit definierten Ausprägungen (vgl. Meffert 2000). Befragt man zum Beispiel verschiedene Personen nach ihrer Zufriedenheit mit einem Produkt, erhält man aus Sicht der einzelnen Versuchsperson durchaus zutref-

fende Ergebnisse. Welche Wertschätzung aber wirklich dem Produkt ent-
gegengebracht wird, hängt von der jeweiligen Zufriedenheitsdefinition der
befragten Personen ab. In anderen Worten – die Antworten sind schwer
vergleichbar und keinesfalls objektiv. Diese nicht beobachtbaren, theoretischen Begriffe sind der Grund, warum im Vorfeld der Datenerhebung eine
Operationalisierung erstellt werden muss. Durch die Operationalisierung
werden den theoretischen Begriffen der Ausgangshypothese(n) beobachtbare
Indikatoren zugeordnet, die dann empirisch gemessen werden können (vgl.
Huber 2005).

Beispiel

Da es für die in der Ausgangshypothese genannten theoretischen Begriffe
»Krankenhaus« und »Erfolg« keine konkreten Maßstäbe zur Messung gibt,
handelt es sich um qualitative Begriffe. Es stellt sich die Frage: Wie können
die theoretischen Begriffe »Krankenhaus« und »Erfolg« gemessen werden?

Als Messung kann man die – nach bestimmten Regeln vorzunehmende –
Zuordnung von Symbolen (Zahlen oder Zeichen) zu Merkmalsträgern
bezüglich der Merkmale bezeichnen (vgl. Hüttner, Schwarting 2002). Merkmalsträger (auch Elemente genannt) sind in der Regel Personen, Gruppen
oder Institutionen (z. B. Unternehmen), können aber auch Objekte (z. B.
Automarken) sein, die Gegenstand der Marketingforschung sind. Sie werden
auch als Untersuchungsobjekte oder statistische Einheiten bezeichnet. Die
Gesamtheit aller Merkmalsträger nennt man Grundgesamtheit (statistische
Masse) (vgl. Koch 2004).

Beispiel für Merkmalsträger und Grundgesamtheit

In obiger Ausgangshypothese »Verschiedene Krankenhäuser behandeln
Schlaganfälle unterschiedlich erfolgreich« kann das Krankenhaus beispiels-
weise als Merkmalsträger bezeichnet werden. Eine gültige Definition der
Grundgesamtheit wären demnach z. B. alle Krankenhäuser in Deutschland,
die spezielle Einrichtungen zur Behandlung von Schlaganfällen besitzen. Die
Definition der Grundgesamtheit hängt jedoch von der zu untersuchenden
Problemstellung und somit von den Ausgangshypothesen ab.

Abbildung 6 gibt zunächst einen Überblick über die Begrifflichkeiten, die im
Rahmen der Operationalisierung verwendet werden und zeigt zugleich den
Weg von einem theoretischen Begriff zu klar messbaren Zielgrößen (vgl.
Nieschlag et al. 2002). Im Grunde handelt es sich um einen Übersetzungs-
prozess.

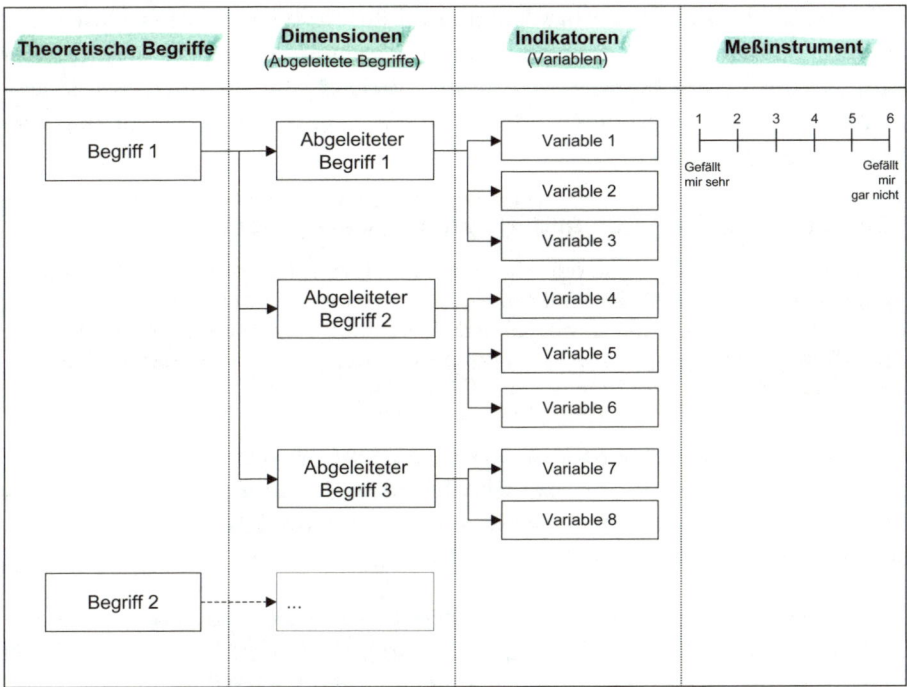

Abb. 6: Operationalisierung

Bezogen auf obiges Beispiel ist im ersten Schritt zu prüfen, aus welchen Dimensionen abgeleitet werden kann, welche Charakteristika ein Krankenhaus besitzt und in welchem Fall ein Krankenhaus in der Schlaganfallbehandlung als erfolgreich angesehen werden kann. Dimensionen werden aus den theoretischen Begriffen abgeleitet und konkretisieren diese. Um die Bedeutung der theoretischen Begriffe besser erfassen zu können, empfiehlt es sich immer mindestens zwei Dimensionen für einen theoretischen Begriff zu verwenden (vgl. Stier 1999).

Beispiel für Dimensionen

Der theoretische Begriff »Krankenhaus« kann beispielsweise über die Dimensionen »Technologie«, »Prozesse«, »Organisation/Personal« und »Schlaganfallauftreten« beschrieben werden. Dies bedeutet, dass über die im Krankenhaus verwendeten Technologien, die vorherrschenden Prozesse, die Personalorganisation und die Häufigkeit der Einlieferung von Schlaganfällen bestimmt werden kann, wie ein Krankenhaus bezüglich der Schlaganfallbehandlung aufgestellt ist. Der Begriff »Erfolg« kann über die Dimensionen »Kosten«, »Zeit« und »Qualität« näher beschrieben werden.

Dimensionen müssen im nächsten Schritt auf Indikatoren heruntergebrochen werden. Indikatoren sind beobachtbare (quantitative) Größen (Merkmale oder Variablen), die das Vorhandensein und die Ausprägung einer Dimension messen (z. B. unterschiedliche Einkommen, unterschiedliche Berufe). Die Ausprägungen eines Indikators bzw. einer Variable, die bei einem Merkmalsträger (Untersuchungsobjekt oder Element) gemessen wird, nennt man Merkmalsausprägung.

Beispiel für Indikatoren und Merkmalsausprägungen

Die Dimension »Kosten« des theoretischen Begriffs »Krankenhaus« kann beispielsweise durch die Indikatoren »Ø Personalkosten«, »Ø Medikamentenkosten« und »Ø sonstige Kosten je Station« gemessen werden. Die Merkmalsausprägungen der oben genannten Messgrößen werden in diesem Beispiel in Euro angegeben.

Um die Merkmalsausprägungen messen zu können, benötigt man ein passendes Messinstrument. Es handelt sich dabei um Maßstäbe, die einem Merkmalsträger einen Skalen- bzw. Indexwert zuweisen (vgl. Nieschlag et al. 2002). Hierzu mehr im Kapitel »Erhebungsinstrument wählen.«

Zusammenfassend kann festgestellt werden, dass eine Datentabelle in der Regel in den Zeilen die Merkmalsträger (Elemente), in den Spalten die Merkmale (Variablen) und in den Zellen die Merkmalsausprägungen (Position des Merkmalsträgers bezüglich des Merkmals) enthält (näheres dazu im Kapitel »Erhobene Daten analysieren und interpretieren«) (vgl. Kamenz 2001).

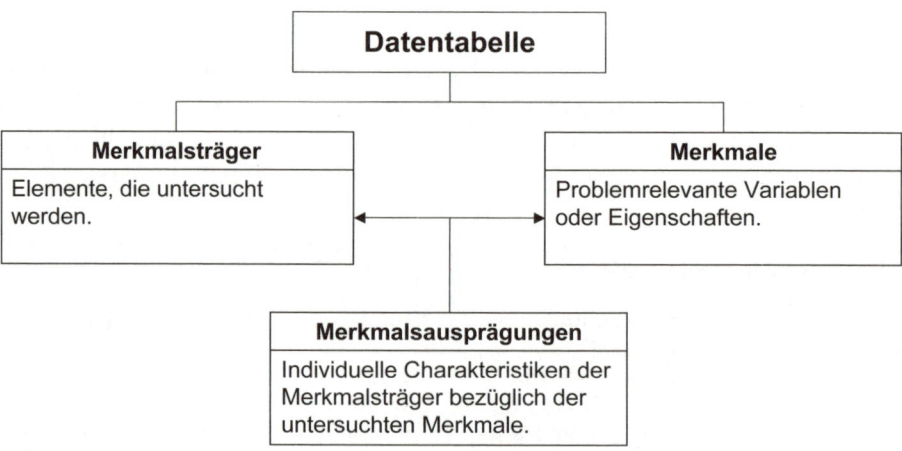

Abb. 7: Bestandteile einer Datentabelle (vgl. Kamenz 2001)

In Abbildung 8 ist obiges Beispiel (Ausgangshypothese: »Verschiedene Krankenhäuser behandeln Schlaganfälle unterschiedlich erfolgreich.«) im Gesamtkontext dargestellt.

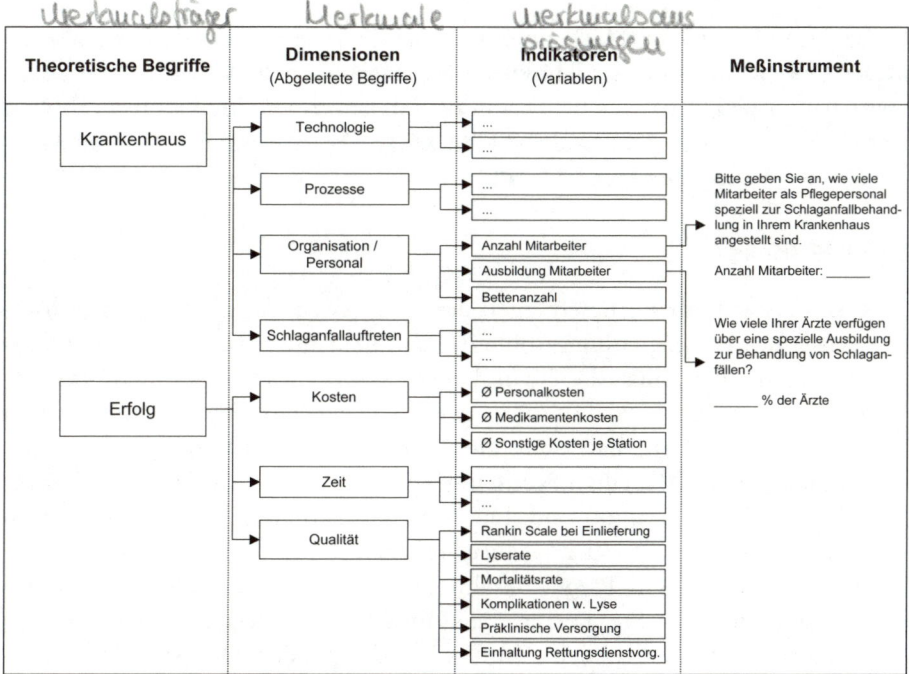

Abb. 8: Beispiel einer Operationalisierung

Die Operationalisierung stellt die konkreten Messgrößen übersichtlich dar. Durch die Kombination der einzelnen Indikatoren können sich noch interessante Hypothesen ergeben, die im Rahmen der Primärforschung zusätzlich zu den bereits vorhandenen Ausgangshypothesen untersucht werden können und bei der Lösung der Problemstellung helfen. Es sollte jedoch beachtet werden, dass Hypothesen, die Zusammenhänge zwischen einem theoretischen Begriff und dessen untergeordneten Dimensionen bzw. Indikatoren darstellen, nicht sinnvoll sind (siehe Abbildung 9).

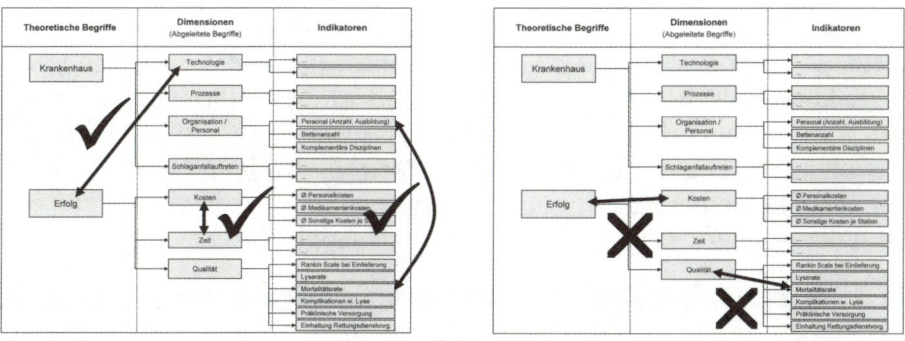

Abb. 9: Bildung von Hypothesen aus der Operationalisierung

Im nächsten Schritt des Marketingforschungsprozesses wird festgelegt, wie die in der Operationalisierung definierten Indikatoren (bzw. Variablen) gemessen werden können, d. h. welche Daten zu den einzelnen Indikatoren erhoben werden müssen (vgl. Atteslander 2008). Diese Daten ermöglichen schließlich die Beantwortung der Hypothesen.

Tipps & Tricks

- Die Ausgangshypothesen legen den Grundstein für die Operationalisierung des Untersuchungsproblems. Um inadäquate oder fehlende Daten zu vermeiden, muss die Formulierung sorgfältig vorgenommen werden.
- Bei der Operationalisierung der Ausgangshypothesen sollte darauf geachtet werden, dass sich die Dimensionen und Indikatoren eines theoretischen Begriffs gegenseitig ausschließen, zusammen ein Ganzes bilden und vollständig sind. Die Operationalisierung muss »MECE«sein (vgl. Minto 2005) – d. h. »Mutually Exclusive and Collectively Exhaustive«. Die MECE-Regel beschreibt Richtlinien für die strukturierte Problemlösung. Sie besagt, dass Indikatoren/Variablen genau einem Begriff zurechenbar sein dürfen, es also weder Doppelzuordnungen geben darf, noch Indikatoren/Variablen, die nicht zuordenbar sind.
- Es gibt für die Operationalisierung nicht eine richtige Lösung, sondern nur plausible und weniger plausible Ansätze.
- Operationalisierung und Hypothesenbildung folgen einem iterativen Prozess und beeinflussen bzw. ergänzen sich gegenseitig.
- Aus der finalen Abstimmung von Operationalisierung und Hypothesenbildung mit den Auftraggebern können sich wertvolle Anregungen und Ergänzungen ergeben.

3-2 d Erhebungsmethode definieren

Aufbauend auf der Operationalisierung erfolgen nun die Wahl der Erhebungsmethode, die Konzeption des Erhebungsinstruments und die Festlegung der Kontaktmethode. Mehr oder weniger parallel zu diesen Phasen wird begonnen, den Sampling-Plan für die Primäruntersuchung zu entwickeln, da die Definition der Grundgesamtheit und die Auswahl der Testpersonen maßgeblich die Konzeption des Erhebungsinstrumentariums beeinflussen. Finalisiert wird der Sampling-Plan am Ende des Forschungsplans.

In der Marketingforschung unterscheidet man die Teilbereiche Marktanalyse, Marktbeobachtung und Marktprognose (vgl. Weis, Steinmetz 2005). Marktanalysen sind einmalige Untersuchungen eines bestimmten Marktes zu einem klar definierten Zeitpunkt. Eine Marktbeobachtung ist im Gegensatz zur Marktanalyse keine Zeitpunktbetrachtung, sondern eine Zeitraumbetrachtung und gibt Auskunft über die Veränderungen und Entwicklungen eines Marktes. Anwendung findet die Marktbeobachtung im Rahmen der Panelforschung, auf die in diesem Rahmen nicht weiter eingegangen werden soll. Die Marktprognose versucht, Aussagen über die voraussichtliche Marktentwicklung zu treffen unter Zugrundelegung von Marktanalyse und Marktbeobachtung (vgl. Lehmeier 1979). Die Marktanalyse ist die gebräuchlichste Form der Marketingforschung und soll im Folgenden genauer betrachtet werden.

Nach Kotler werden im Rahmen von Marktanalysen im Wesentlichen vier Erhebungsmethoden für die Informationsbeschaffung verwendet: Beobachtung, Befragung, Fokusgruppe und Experiment (vgl. Kotler et al. 2007).

Befragung

Die Befragung ist die in der Praxis am häufigsten verwendete Erhebungsmethode. Es handelt sich um ein Verfahren, bei dem man durch Antworten (verbal, schriftlich) Informationen von Personen über Untersuchungsobjekte erhalten will (vgl. Weis, Steinmetz 2005). Befragungen können sowohl das beobachtbare als auch das nicht beobachtbare Verhalten (z.B. Einstellungen, Präferenzen) der Testpersonen erfassen und werden entweder schriftlich, mündlich oder telefonisch durchgeführt (vgl. Berekoven et al. 2006). Befragungen lassen sich nach dem Themenumfang, nach der Erhebungssituation und nach der Befragungshäufigkeit unterscheiden.

Themenumfang

Nach dem Themenumfang trennt man Einthemen- und Mehrthemenbefragungen. Während in Einthemen-Befragungen lediglich ein Thema untersucht bzw. abgefragt wird, beschäftigen sich Mehrthemen-Befragungen (Omnibusbefragungen) mit unterschiedlichen Themen. Kennzeichnend für eine Mehrthemen-Befragung ist häufig, dass mehrere Auftraggeber an der Befragung beteiligt sind und die Untersuchung von einem externen Marketingforschungsinstitut durchgeführt wird. In Mehrthemen-Befragungen werden die verschiedenen Inhalte themenbezogen sortiert und in Blöcke unterteilt. In folgender Tabelle sind die Vor- und Nachteile der Ein- und Mehrthemenbefragung gegenübergestellt.

Tabelle 2: Einthemenbefragung vs. Mehrthemenbefragung

	Einthemenbefragung	Mehrthemenbefragung
Vorteile	• schnell durchführbar • nur auf das Unternehmen beschränkt • keine Ablenkung vom Thema • Testpersonen sind schnell zu finden • zahlreiche Fragen möglich	• relativ kostengünstig durch Splittung der Befragungskosten auf mehrere Auftraggeber • abwechslungsreiche Gestaltung der Befragung durch unterschiedliche Themen möglich • geringe Gefahr von Lerneffekten
Nachteile	• relativ hohe Kosten	• Zahl der Fragen für Themenblöcke begrenzt • Wechselseitige Beeinflussung durch Fragen • Hoher Umfang der Befragung kann bei den Testpersonen zu Ermüdungserscheinungen und gegebenenfalls zum Abbruch führen

Erhebungssituation

Des Weiteren können Befragungen nach der Erhebungssituation in Einzel- und Gruppenbefragungen unterschieden werden. Im Rahmen von Einzelbefragungen werden die Testpersonen getrennt voneinander befragt, während bei Gruppenbefragungen mehrere Personen zur gleichen Zeit in einem Raum befragt werden. Bei letzteren wird noch einmal unterschieden, ob die Gruppe durch Diskussion zu einer gemeinsamen Entscheidung kommen soll oder ob Einzelurteile gefragt sind.

Befragungshäufigkeit

Schließlich können Befragungen noch nach der Häufigkeit der Erhebungen kategorisiert werden. Hierbei wird in Einmal-(Ad-hoc-) und Tracking-Befragung unterteilt. Die Einmalbefragung erhebt die Informationen für die zugrunde liegende Problemstellung einmalig zu einem bestimmten Zeitpunkt (z. B. Umfrage zur Akzeptanz eines Produktes). Tracking-Befragungen sollen hingegen Entwicklungen über einen Zeitraum veranschaulichen (Marktbeobachtung), indem in regelmäßigen Wiederholungen identische (Panelerhebung) oder vergleichbare Stichproben (Wellenerhebung) befragt werden (vgl. Berekoven et al. 2006). Beispiel für eine Panelbefragung ist der Konsumklimaindex der GfK.

Die Erhebungsmethode »Befragung« wird aufgrund ihrer hohen Relevanz in der Marketingforschung im weiteren Verlauf dieses Buchs noch näher betrachtet.

Beobachtung

Die Beobachtung ist die systematische Erfassung von mit den menschlichen Sinnen oder technischen Sensoren wahrnehmbaren Sachverhalten zum Zeitpunkt ihres Geschehens (vgl. Becker 1973). Die Registrierung der Beobachtung erfolgt dabei entweder durch den Beobachter (Fremdeinschätzung) oder in den selteneren Fällen durch den Beobachteten selbst (Selbsteinschätzung). Beobachtungen werden entweder eigenständig oder in Kombination mit anderen Erhebungsverfahren eingesetzt. Durch die Beobachtung sollen Informationen über beispielsweise das Kaufverhalten von Kunden, die Käuferfrequenz oder das Verwendungsverhalten von Produkten gesammelt werden. Ein Beispiel für eine Beobachtung ist die Untersuchung des Kundenlaufverhaltens in Supermärkten, um Rückschlüsse auf die Gestaltung und Platzierung von Artikeln zu ziehen.

Im Vergleich zu Befragungen müssen die Testpersonen bei Beobachtungen keine Erklärungen zum Untersuchungsobjekt abgeben, damit ein Rückschluss auf ihr Verhalten gezogen werden kann (vgl. Hüttner, Schwarting 2002). Dadurch sind die Ergebnisse von Beobachtungen im Regelfall valider, zumindest bei verdeckten Beobachtungen, welche in der Praxis bevorzugt verwendet werden. Beobachtungen werden im Wesentlichen nach der Durchschaubarkeit der Beobachtungssituation für den Beobachteten, nach dem Strukturierungsgrad, nach dem Partizipationsgrad des Beobachters und nach der Wahrnehmungs- und Registrierungsform unterschieden (vgl. Berekoven et al. 2006).

Durchschaubarkeit der Beobachtungssituation für den Beobachteten
Man unterscheidet offene und verdeckte Beobachtungen. Bei offenen Beobachtungen (z.B. Blickaufzeichnung beim Betrachten einer Werbeanzeige) wird die Versuchsperson über alle Aspekte der Untersuchung in Kenntnis gesetzt. Bei den verdeckten Beobachtungen differenziert man weiter nach dem Durchschaubarkeitsgrad (vgl. Koch 2004). Die biotische Situation (z.B. Untersuchung des Kundenlaufverhaltens in Supermärkten) ist das Gegenteil einer offenen Beobachtung. Hier befindet sich der Proband in völliger Unkenntnis über die Untersuchungssituation und weiß nicht, dass er observiert wird. Dies ist die valideste Form der Beobachtung, da sich die Versuchspersonen völlig normal verhalten. Aus Datenschutzgründen ist jedoch darauf zu achten, dass sich Beobachtungen nicht auf isolierte Einzelpersonen beziehen. Zwischen den beiden Extremen liegen die quasi-biotische und die nicht durchschaubare Situation. Während bei der quasi-biotischen Situation lediglich bekannt ist, dass eine Beobachtung stattfindet, weiß die Versuchsperson in einer nicht durchschaubaren Situation zusätzlich, welche Aufgabe sie zu erfüllen hat. Der Zweck der Beobachtung wird weder in der quasi-biotischen

noch in der nicht durchschaubaren Situation mitgeteilt. Je stärker sich die beobachteten Personen der Erhebungssituation bewusst sind, desto höher ist das Risiko einer Verhaltensveränderung (Beobachtungs-/Halo-Effekt) (vgl. Hammann, Erichson 2006).

Strukturierungsgrad

Beobachtungen können standardisiert oder nicht standardisiert angelegt werden. Die standardisierte Beobachtung beschreibt eine weitgehend vereinheitlichte Erhebung (z.B. Anlage und Inhalt der Erhebung, Beobachtungsart, untersuchte Personen) von leicht überschaubaren Vorgängen. In der Regel wird hierzu ein standardisierter Erfassungsbogen zur Dokumentation der beobachteten Sachverhalte eingesetzt. Ein Beispiel ist die Beobachtung von Kunden bei der Durchführung eines Preisvergleichs in einem Supermarkt und die Dokumentation des Verhaltens nach einem klar vorgeschriebenen Schema. Die nicht standardisierte Beobachtung dient eher der explorativen Forschung und untersucht unstrukturiert Sachverhalte, über die bisher nur wenige Informationen vorliegen (vgl. Koch 2004).

Partizipationsgrad des Beobachters

Der Beobachter kann entweder direkt und aktiv an der Untersuchungssituation teilnehmen oder für die Testperson unerkannt bleiben und die Untersuchung im Hintergrund überwachen. Beispiel für eine teilnehmende Beobachtung ist ein Laden- oder Gaststättentest durch einen Qualitätsprüfer. Eine nicht teilnehmende Beobachtung liegt vor, wenn beispielsweise die Fernseheinschaltquoten in Haushalten mit Hilfe eines Telemeters gemessen werden. Der Beobachter tritt hier nicht persönlich auf, sondern observiert im Hintergrund. Aufgrund des erwähnten Beobachtungseffektes wird letztere Methode bevorzugt.

Wahrnehmungs- und Registrierungsform

Bei einer Beobachtung werden unter Umständen nicht nur die visuell messbaren Aspekte untersucht, sondern auch andere Sinnesmodalitäten wie z.B. das Hören, Riechen oder intrapersonale Reaktionen (vgl. Berekoven et al. 2006). Hierzu werden häufig technische Hilfsmittel wie z.B. das Telemeter, Video- und Audioaufnahmegeräte, Geräte zur Hautwiderstandsmessung oder das Tachistoskop verwendet (siehe Kapitel – Technische Geräte).

Im Folgenden sollen noch die Vor- und Nachteile der Beobachtung aufgezeigt werden (vgl. Hüttner, Schwarting 2002; Weis, Steinmetz 2005; Meffert 2000):

Tabelle 3: Mögliche Vor- und Nachteile der Beobachtung

Beobachtung	
Vorteile	Nachteile
• Unabhängigkeit von der Auskunfts-bereitschaft der Testpersonen • Ermittlung von unterbewussten Sach-verhalten der Probanden (z. B. Gestik, Mimik) • Erfassbarkeit der Daten unabhängig vom Ausdrucksvermögen der Test-personen • Kein Interviewereinfluss bei verdeckten Beobachtungen • Anreicherung der aus einer bereits durchgeführten Befragung gewonnen Informationen • Berücksichtigung der situativen Umwelteinflüsse (Umweltsituation) bei der Durchführung der Beobachtung möglich	• Beobachtbarkeit von bestimmten Sach-verhalten oft nicht gegeben (z. B. Ein-stellung, Motive, Meinung, Präferenz) • Rückschluss auf bestimmte Sachver-halte (psychische Reaktionen) mittels apparativer Geräte nur eingeschränkt möglich • Interpretation von Beobachtungen oft schwierig und nicht eindeutig • Wiederholbarkeit einzelner Beobach-tungssituationen nicht gegeben • Überforderung der Beobachter führt zu Lücken in der Protokollierung • Auftreten eines Beobachtungseffektes je nach Bewusstseinsgrad des Beob-achteten

Fokusgruppe (Gruppendiskussion)

Die Fokusgruppe ist eine Methode, die man im Rahmen einer beurteilenden oder explorativen Gruppendiskussion über ein bestimmtes Thema durchführt und in relativ kurzer Zeit ein breites Spektrum von Meinungen und Einstellungen erheben kann (vgl. Kotler et al. 2007). Eine Fokusgruppe umfasst in der Regel sechs bis zehn Teilnehmer und wird von einem erfahrenen Moderator geleitet. In der Gruppe wird dann bis zu zwei Stunden über ein festgelegtes Thema diskutiert. Fokusgruppen werden oftmals im Vorfeld einer repräsentativen Untersuchung durchgeführt, um Fragestellungen zu diskutieren, Meinungen einzuholen, Einschätzungen zu treffen und Hypothesen zu entwickeln. Gruppendynamische Prozesse führen dabei zu einer intensiven Auseinandersetzung der Teilnehmer mit der Problemstellung. Die daraus resultierenden Informationen werden dann in einer repräsentativen Unter-suchung intensiver betrachtet. Ein Beispiel für eine derartige Fokusgruppe ist die in Kapitel 3–2a behandelte Expertenrunde. Da die Fokusgruppen-Teil-nehmer in den meisten Fällen über ein so genanntes »convenient sample« (siehe Kapitel – Sampling-Plan erstellen) ausgewählt werden, d. h. es werden Personen befragt, die am leichtesten erreichbar sind, sollte man von der Quantifizierung der Untersuchungsergebnisse (in Form von Prozentangaben) Abstand nehmen (vgl. Berekoven et al. 2006).

Im Folgenden sind die Vor- und Nachteile einer Fokusgruppe aufgelistet (vgl. Koch 2004; Kamenz 2001):

Tabelle 4: Vor- und Nachteile der Fokusgruppe

Fokusgruppe	
Vorteile	**Nachteile**
• schnelle Durchführung • überschaubare Kosten • geringer Aufwand • Diskussion von unausgereiften Hypothesen und Lösungsansätzen möglich • Generierung von neuen Ideen • spontane Reaktionen • intensive und vielschichtige Auseinandersetzung mit dem Thema • direkte Erkenntnisse über Einstellungen	• keine Repräsentativität • Auswertung ist aufwendig • Interpretation ist schwierig • Verzerrung der Diskussion durch Meinungsführer • unter Umständen Durchführung von mehreren Diskussionsrunden nötig • Relevanz von Aspekten kann schwer eingeschätzt werden • hohe Qualifikation des Moderators notwendig

Experiment

Tests oder Testverfahren – nicht statistische Testverfahren – wie Experimente im Rahmen der Marketingforschung genannt werden, sind eine Kombination aus Befragung und Beobachtung und stellen deshalb streng betrachtet keine separate Erhebungsmethode dar. Zu den bisher genannten Methoden unterscheidet sich das Experiment durch die spezifische Versuchsanordnung oder in anderen Worten durch eine künstliche Veränderung der natürlich vorgefundenen Realität (vgl. Kamenz 2001). Ein Experiment dient der Überprüfung eines Kausalzusammenhangs (Ursache-Wirkungs-Zusammenhang) zwischen zwei oder mehreren Variablen unter a priori genau festgelegten, kontrollier- und wiederholbaren Bedingungen, die unerwünschte Störfaktoren ausschließen (vgl. Koch 2004). Prinzipiell wird im Rahmen eines Experiments überprüft, wie sich unter gleichbleibenden Bedingungen die Veränderung einer unabhängigen Variable auf eine abhängige Variable auswirkt. Die unabhängige Variable (z.B. Verpackung, Preis) übt den Einfluss aus, der bei der abhängigen Variable (z.B. Kaufbereitschaft, Image) gemessen werden soll.

> **Beispiel für eine experimentelle Fragestellung**
>
> Welchen Einfluss hat die Veränderung der Verpackung eines Produktes auf die Absatzmenge? Der Preis stellt hier die unabhängige und der Absatz die abhängige Variable dar.

Die Herausforderung eines Experiments besteht darin, alle anderen Einflüsse (Störgrößen), die Auswirkungen auf das Ergebnis des Experiments haben können, kontrollierbar zu machen bzw. zu eliminieren.

Ein Experiment muss zusammenfassend folgende Bedingungen erfüllen (vgl. Berekoven et al. 2006):

- Kontrolle der so genannten Störvariablen (z. B. Wettbewerbsaktivitäten).
- Aktive Manipulation der interessierenden unabhängigen Variable (= Ursache).
- Genaue Messung evtl. Veränderung der abhängigen Variablen (= Wirkung).

Die wichtigsten Unterscheidungskriterien für Experimente sind das experimentelle Umfeld und der Zeitpunkt, zu dem die abhängige Variable aufgetreten ist (vgl. Berekoven et al. 2006).

Experimentelles Umfeld

Man unterscheidet Labor- und Feldexperimente. Laborexperimente werden in einer künstlichen Umgebung durchgeführt, die speziell für diesen Zweck konzipiert wurde und ein vereinfachtes Abbild der Wirklichkeit darstellt. Dieses experimentelle Umfeld wird gewählt, wenn unerwünschte Einflüsse minimiert werden sollen (z. B. Produkttest). Feldexperimente hingegen führen die Untersuchung in der Realität durch, wobei eine strikte Kontrolle der Störfaktoren von Nöten ist. Trotz der eingeschränkten Kontrollmöglichkeiten wird dieser Versuchsaufbau bevorzugt, wenn die Realitätsnähe einen wichtigen Faktor der Untersuchung darstellt (z. B. Markttest).

Zeitpunkt des Auftretens der abhängigen Variablen

Hier lassen sich projektive und Ex-post-facto-Experimente unterscheiden. Bei den projektiven Experimenten wird zu Beginn des Experiments die unabhängige Variable verändert und die Wirkung dieser Veränderung bei der abhängigen Variablen untersucht.

Beispiel für ein projektives Experiment

Eine Gruppe von Personen soll ein Produkt bewerten, dessen Verpackung farblich angepasst wurde (Experimentalgruppe). Eine andere Gruppe soll das Produkt mit der ursprünglichen Verpackung beurteilen (Kontrollgruppe).

Bei Ex-post-facto-Experimenten ist die Veränderung der unabhängigen Variablen bereits in der Vergangenheit eingetreten und die Messung der abhängigen Variablen findet in der Gegenwart statt.

Beispiel für ein Ex-post-facto-Experiment

In einem Testmarkt ist die Verpackung eines Produktes in der Vergangenheit farblich angepasst worden. Die Verpackung des Produktes soll nun von einer Gruppe von Personen beurteilt werden, die das Produkt im Testmarkt eingekauft hat und von einer Gruppe, die das nicht modifizierte Produkt unter normalen Bedingungen gekauft hat.

In der Marketingforschung finden sich Experimente am häufigsten in der Form von Produkttests, Storetests, Markttests, Werbewirkungstests etc., welche jedoch hier nicht weiter behandelt werden sollen.

Tipps & Tricks

- Obwohl die Befragung die bekannteste und am meisten eingesetzte Erhebungsmethode ist, sollte man anhand der methodenspezifischen Vor- und Nachteile genau prüfen, ob nicht doch Beobachtung, Fokusgruppe oder Experiment eine besser geeignete Methode darstellen, um die Untersuchungsziele zu erreichen.

3-2e Erhebungsinstrument wählen

Die Auswahl des Erhebungsinstruments wird durch die im vorhergehenden Schritt festgelegte Erhebungsmethode bedingt. Bestimmte Erhebungsinstrumente eignen sich nur für spezielle Erhebungsmethoden und vice versa. Man unterscheidet die Erhebung mittels eines Fragebogens oder mittels technischer Geräte.

Technische Geräte

Technische Geräte sind Apparaturen, welche die Informationssammlung unterstützen und in speziellen Fällen sogar erforderlich sind, um die Messung von bestimmten Reaktionen der Testpersonen möglich zu machen. Ihre Einsatzmöglichkeiten reichen von Verhaltensbeobachtungen (Wahrnehmungs-, Entscheidungs- oder Handlungsabläufe) bis zur Erfassung von psychischen Reaktionen wie Erregung oder Ablehnung, die einen Ausdruck in messbaren physischen Aktivitäten (z. B. Herzschlag) finden (vgl. Meffert 1992). Mit Hilfe von technischen Geräten ist es möglich, verdeckt, kostengünstig und schnell, objektive Messungen vorzunehmen und gleichzeitig zu verarbeiten (vgl. Kamenz 2001). Sie kommen hauptsächlich im Rahmen der Beobachtung oder des Experiments zur Anwendung, werden aber auch im Rahmen von Befragungen und Fokusgruppen erfolgreich eingesetzt, um Aussagen zu unterstützen und zu validieren. Besonders die Werbemittelforschung (z. B. TV-Spot-Tests, Anzeigen-Tests, Plakat-Tests) macht Gebrauch von technischen Geräten, um die Wahrnehmung, die Anmutung, die Aktivierung, die Aufmerksamkeit und das emotionale Erleben eines Werbemittels zu messen. Da diese psychischen Faktoren einer direkten Beobachtung und Messung nicht zugänglich sind, zeichnet man mit Hilfe von Apparaturen bestimmte Indikatoren auf, die Rückschlüsse auf die psychischen Reaktionen ermöglichen. Bekannte Beispiele technischer Geräte zur psychografischen Verhaltensmessung sind (vgl. Hammann et al. 1994):

- Blickregistrierungsverfahren (indirekte Blickaufzeichnung mit einer Kamera; wird besonders für Werbe- und Designtests eingesetzt)
- Hautwiderstandsmessung (Messung von Schweißabsonderungen der Testpersonen in Abhängigkeit verschiedener Reizvorlagen; wird besonders im Rahmen von Werbe-Pre-Tests eingesetzt)
- Hautthermikmessung (Messung der Durchblutung der Körperoberfläche durch Temperaturfühler; wird besonders im Rahmen von Werbe-Pre-Tests eingesetzt)
- Pupillometer (Messung der Veränderung der Pupillenweite, um Beeindruckungseffekte zu erfassen; wird besonders im Rahmen von Werbe-Pre-Tests eingesetzt)
- Tachistoskop (Messung der spontanen Wahrnehmung, indem Bilder von Gegenständen sehr schnell gezeigt werden; wird z. B. für Verpackungstests verwendet)

Oft genutzte Geräte zur Beobachtung von Handlungsabläufen sind Lichtschranken (Messung der Passierfrequenz), Scanner (Messung von Indikatoren des Kaufverhaltens wie z. B. Marke, Menge), Kundenkarten (Messung des Einkaufsverhaltens in Bezug auf Frequenzen und Mengen und Verknüpfung mit soziodemografischen Daten). Auch Video- und Audioaufzeichnungen zählen zum technischen Erhebungsinstrumentarium, um beispielsweise die Durchführung einer Fokusgruppe aufzuzeichnen.

Fragebogen

Der Fragebogen ist das am häufigsten eingesetzte Erhebungsinstrument der Marketingforschung. Es handelt sich dabei um einen Fragenkatalog, der Informationen erhebt, die zur Beantwortung der Ausgangshypothesen dienen. Er wird vorrangig für Befragungen eingesetzt, findet aber auch in Kombination mit anderen Erhebungsmethoden Anwendung. Die Entwicklung eines Fragebogens sollte sich im Groben an den vier Schritten »Formulierung der Fragen«, »Ordnung der Fragen«, »Überprüfung des Fragebogens«, »Vorbereitung der Hauptuntersuchung« orientieren, die im Folgenden ausführlich beschrieben sind (vgl. Wellenreuther 1982).

1) Formulierung der Fragen

Im ersten Schritt der Fragebogenerstellung werden Fragen zu den in der Operationalisierung identifizierten Indikatoren formuliert, wobei zu jedem Indikator mindestens eine spezifische Frage gestellt werden muss, die schließlich in der Analysephase in einer Variablen abgebildet wird. Indikatoren können mehrere Variablen umfassen, wobei jede Variable immer nur durch eine Frage im Fragebogen abgebildet wird. Um dem Untersuchungsziel und der Zielgruppe gerecht zu werden, sollte man sich im Rahmen der Fragenformulierung mit den Themen »Befragungsstrategie«, »Befragungstaktik« und »Frageformen« beschäftigen.

Befragungsstrategie

Es lassen sich hochstandardisierte, teilstandardisierte und nicht-standardisierte Untersuchungen unterscheiden (vgl. Meffert et al. 2007). Man spricht von einem hochstandardisierten Interview, wenn Wortlaut, Reihenfolge und Anzahl der Fragen sowie die Interviewtechnik im Vorfeld festgelegt werden und für alle Testpersonen identisch sind (vgl. Kamenz 2001). Ein hochstandardisierter Fragebogen enthält vornehmlich geschlossene Fragen (Erklärung weiter unten). Wenn eine große Anzahl an Testpersonen befragt werden soll, werden aufgrund der besseren Vergleichbarkeit und der einfacheren Durchführbarkeit hochstandardisierte Fragebögen eingesetzt.

Teilstandardisierte Untersuchungen werden mit Hilfe eines Interviewleitfadens durchgeführt, der einen Katalog mit überwiegend offenen Fragen enthält oder lediglich die zu erfragenden Themenblöcke vorgibt. Der Interviewer hat hier die Möglichkeit, den Interviewablauf zu verändern, um gegebenenfalls auf interessante Themen stärker einzugehen oder Themengebiete, zu denen der Interviewte nicht viel sagen kann, schnell abzuhandeln. Diese Form der Standardisierung wird in der Regel für Expertenbefragungen eingesetzt.

Nicht-standardisierte Untersuchungen geben dem Interviewer die absolute Variationsfreiheit in der Interviewgestaltung (Inhalt, Form des Interviews, Fragenreihenfolge). Festgelegt sind lediglich das Untersuchungsthema und das -ziel. Sie werden häufig im Rahmen der explorativen Forschung eingesetzt, da bei dem Auftraggeber der Marketingforschung nur wenige Informationen über das Untersuchungsproblem vorhanden sind.

Folgende Tabelle zeigt, in welchen Untersuchungssituationen die unterschiedlichen Standardisierungsgrade für gewöhnlich eingesetzt werden:

Tabelle 5: Verschiedene Befragungsstrategien (vgl. Weis, Steinmetz 2005)

hochstandardisiert	teilstandardisiert	nicht-standardisiert
• Panelbefragung • Online-Befragung • telefonische Befragung • schriftliche Befragung	• Expertenbefragung • Gruppenbefragung • Leitfadengespräch • Fokusgruppe	• Expertenbefragung • informelles Gespräch • Gruppendiskussion

Befragungstaktik (vgl. Hüttner, Schwarting 2002)

Nachdem der Standardisierungsgrad des Fragebogens definiert ist, wird festgelegt, mit welcher Taktik die Testpersonen befragt werden sollen. Entscheidet man sich für eine direkte Befragung, werden die Fragen zu den Untersuchungsthemen ohne Umschreibungen formuliert. Dadurch werden die Testpersonen zu einer eindeutigen Aussage herausgefordert bzw. gezwungen, was bei tabuisierten Themen (z. B. Einkommen, Parteizughörigkeit, Krankheiten) im schlimmsten Fall zu einer kompletten Antwortverweigerung führen kann (vgl. Hammann, Erichson 2006). Direkte Fragen finden deshalb in der Regel bei objektiven Tatbeständen Verwendung, bei denen eine ehrliche und exakte Beantwortung zu erwarten ist.

Beispiele für direkte Fragestellungen

Wenn der derzeitige Autobesitz eines Probanden erhoben werden soll, wird eine direkte Fragestellung verwendet (»Besitzen Sie derzeit ein Auto?«). Gleiches gilt beispielsweise für die Frage nach dem Alter (»Wie alt sind Sie?«) oder die Frage nach dem Wohnort (»In welcher Stadt wohnen Sie?«).

Wenn zu erwarten ist, dass der Befragte nicht ehrlich, sondern zu seinem Vorteil antwortet bzw. eine Frage nicht beantworten will, wird in der Marketingforschung die indirekte Befragungstaktik verwendet. Hier wird versucht, die gewünschten Informationen über Umwege und Ableitungen zu erheben. Eine Möglichkeit ist die Umschreibung eines Themas, indem auf das Umfeld des untersuchten Themas Bezug genommen wird.

Ein Beispiel für die indirekte Befragungstaktik ist die Verwendung von Fragen, die von der Testperson eine tendenzielle Einschätzung hinsichtlich anderer Meinungen einfordern. In der Praxis werden direkte Fragen, wo möglich, mit indirekten Fragen, wo notwendig, gemischt.

Beispiele für indirekte Fragestellungen

- Um den sozialen Hintergrund einer Person zu erfassen, wird oft nicht nach dem Einkommen gefragt, sondern nach dem Beruf einer Person. Über den Beruf lassen sich dann Rückschlüsse über die soziale Stellung des Probanden ziehen.
- Statt direkt nach der Meinung zu einem Thema zu fragen, kann die Testperson zu anderen Einschätzungen Stellung beziehen z. B.: »Welche der drei folgenden Meinungen spiegelt Ihre am ehesten wider?«
- Statt der Frage: »Wie innovativ sind Sie?« wird nach dem Zustimmungsgrad zu den folgenden Aussagen gefragt:
  a) Ich lese Fachzeitschriften zu technologischen Entwicklungen.
  b) Ich kaufe immer die neuesten Produkte, sobald sie auf dem Markt sind.
  c) Ich beschäftige mich gerne ausführlich mit den Funktionen neuer Produkte.

Frageformen

Es werden offene und geschlossene Fragestellungen unterschieden (vgl. Hammann, Erichson 2006). Offene Fragestellungen geben den Testpersonen die Möglichkeit, völlig frei bzw. mit eigenen Worten zu antworten. Sie werden häufig für explorative Fragestellungen eingesetzt bzw. wenn die Antwortalternativen nicht umfassend bekannt sind. Offene Fragen generieren in der Regel aussagekräftigere und validere Antworten, sind jedoch auch schwieriger und zeitaufwendiger in der Auswertung (vgl. Meffert et al. 2007).

Beispiel für offene Fragen

»Welche Risiken sehen Sie für die Automobilbranche in den nächsten zehn Jahren?«

Geschlossene Fragen lassen keinen Spielraum für freie Antworten, sondern geben konkrete Antwortmöglichkeiten vor. Die Testperson muss sich für eine oder mehrere Antwortmöglichkeiten entscheiden. Um Spielraum für nicht berücksichtigte Antwortmöglichkeiten zu geben, wird häufig die Kategorie »Sonstiges« als Alternative angegeben. Geschlossene Fragen erhöhen die Bereitschaft, sensible Fragen zu beantworten, sparen Zeit bei der Durchführung der Untersuchung und sind einfacher auszuwerten, weil die Antworten vergleichbar sind.

Beispiel für geschlossene Fragen

»Wie viel Kilometer legen Sie im Jahr mit Ihrem privaten Automobil zurück?«
❑ bis 20 000 km   ❑ 20 001 – 40 000 km   ❑ über 40 000 km

Geschlossenen Fragen sind Alternativfragen und Mehrfachauswahlfragen (Selektivfragen) (vgl. Weis, Steinmetz 2005). Alternativfragen geben nur zwei Antwortalternativen vor, zwischen denen sich die Testpersonen entscheiden müssen.

Beispiele für Alternativfragen

»Besitzen Sie derzeit ein Automobil?«
❑ ja   ❑ nein

»Hat Ihr derzeitiges Automobil ein Automatik- oder ein Schaltgetriebe?«
❑ Automatikgetriebe   ❑ Schaltgetriebe

Mehrfachauswahlfragen bieten mehr als zwei Antwortmöglichkeiten. Je nach Untersuchungsdesign werden die Probanden in ihrem Antwortverhalten eingeschränkt oder können frei bestimmen, wie viele Antworten sie geben.

Beispiele für Mehrfachauswahlfragen

Mehrfachauswahlfragen mit einer **unbegrenzten Zahl von Nennungen**

- »Welche der folgenden Elektronikgeräte besitzen Sie?«
  (Mehrfachnennungen möglich)
  ❑ Laptop   ❑ Mp3-Player   ❑ Digitalkamera   ❑ Camcorder

Mehrfachauswahlfragen mit einer **begrenzten Anzahl von Nennungen**

- »Wie viel Geld möchten Sie bei Ihrem nächsten Autokauf ausgeben?«
  ❑ bis 10 000 €   ❑ 10 001 – 20 000 €   ❑ 20 001 – 30 000 €
  ❑ 30 001 – 40 000 €   ❑ 40 001 – 50 000 €   ❑ über 50 000 €
- »Welche der folgenden Kriterien sind Ihnen am Wichtigsten, wenn Sie an
  Ihren nächsten Autokauf denken? Bitte nennen Sie die drei wichtigsten
  Kriterien.«
  ❑ Fahrzeugdesign   ❑ Umweltverträglichkeit   ❑ Fahrzeugmarke/Image
  ❑ Motorisierung   ❑ Preis   ❑ Komfort

Eine Spezialform der Mehrfachauswahlfragen sind die Skalenfragen. Die Antwortmöglichkeiten für die Testperson sind auf eine Nennung begrenzt. Skalenfragen werden eingesetzt, um qualitative, nicht beobachtbare Merkmale einer Person (z. B. Einstellungen, Präferenzen) anhand einer fest definierten Skala messbar zu machen. Die Skala ist dabei das Ziffernblatt des Messinstrumentes, an dem die jeweilige Merkmalsausprägung zahlenmäßig abgelesen werden kann (vgl. Berekoven et al. 2006). Zu diesem Zweck müssen den Merkmalsausprägungen Skalenwerte zugewiesen werden. Es gibt unterschiedliche Verfahren, nach denen die Skalenwerte zugeordnet werden – so genannte Skalierungsverfahren. Um eine Skalenfrage für einen Fragebogen zu entwickeln, muss folglich mit Hilfe eines geeigneten Skalierungsverfahrens eine Skala konstruiert werden, welche den qualitativen Merkmalen einer Testperson konkrete Zahlenwerte zuordnet. Dieser Vorgang heißt »Skalierung«.

Beispiel für eine Skalenfrage

Wie stark stimmen Sie folgender Aussage zu: »PC und Notebook sind unverzichtbar für mein tägliches Leben.«

Trifft voll und ganz zu	Trifft stark zu	Trifft eher zu	Trifft eher nicht zu	Trifft kaum zu	Trifft überhaupt nicht zu
❑	❑	❑	❑	❑	❑
1	2	3	4	5	6

Den Antwortkategorien »trifft voll und ganz zu« bis »trifft überhaupt nicht zu« wird jeweils ein Skalenwert zugeordnet (1 – 6).

In folgendem Exkurs wird erklärt, nach welchen Richtlinien Merkmalsausprägungen gemessen werden können.

Exkurs: Mess- und Skalenniveau

Die Richtlinien, nach denen einer bestimmten Merkmalsausprägung ein klar definierter Wert zugeordnet wird, sind im Mess- oder Skalenniveau eines Merkmals festgelegt. Das Messniveau bringt zum Ausdruck, welche mathematischen Aussagen mit den jeweiligen Skalen getroffen werden können. Die Messniveaus bilden eine hierarchische Ordnung, d. h. die Aussagekraft und der Informationsgehalt der Daten steigen mit zunehmendem Messniveau. Eine Skala mit höherem Niveau umfasst alle Relationen einer Skala mit niedrigerem Niveau (vgl. Hammann, Erichson 2006). Man unterscheidet vier Messniveaus:

Tabelle 6: Messniveaus (vgl. Berekoven et al. 2006)

	Skala	Beschreibung der Eigenschaften	Zulässige Relationen	Beispiele
nicht-metrische Daten/qualitative Daten	Nominal	Unterschiedliche Ausprägungen eines Merkmals... • stehen gleichberechtigt nebeneinander	• absolute Häufigkeit • relative Häufigkeit • Modalwert	zweiklassig: • Geschlecht mehrklassig: • Familienstand
	Ordinal	Unterschiedliche Ausprägungen eines Merkmals... • haben eine »natürliche« Rangordnung, • zwischen denen sich kleiner-/größer-Beziehungen herstellen lassen. • Es ist keine Angabe über die Größe der Abstände möglich.	Nominal +... • Median • Quartile • Rangkorrelation	• Schulnoten • soziale Schicht (Unter-, Mittel-, Oberschicht)
metrische Daten/quantitative Daten	Intervall	Unterschiedliche Ausprägungen eines Merkmals... • haben eine »natürliche« Rangordnung, • zwischen denen sich kleiner-/größer-Beziehungen herstellen lassen. • Differenzen sind interpretierbar. • Quotientenbildung ist unzulässig.	Ordinal +... • arithmetisches Mittel • Standardabweichung • Korrelationen • Regressionen	• Intelligenzquotient • Temperatur (Celsius, Fahrenheit)

(vertical label left column: Zunahme des Informationsgehaltes)

Ratio (Verhältnis)	Unterschiedliche Ausprägungen eines Merkmals... • haben eine »natürliche« Rangordnung, • zwischen denen sich kleiner-/größer-Beziehungen herstellen lassen. • Differenzen sind interpretierbar. • Quotientenbildung ist zulässig.	Intervall +... • geometrisches Mittel • harmonisches Mittel • Variations-koeffizient	• Alter • Jahresumsatz • Anzahl Kinder • Körpergröße • Temperatur (Kelvin)

Während das Merkmal »Geschlecht« nur die Merkmalsausprägungen »männlich« und »weiblich« annehmen kann, sind bei dem Merkmal »Alter« die Ausprägungen »1, 2, 3, 4,...86, 87, 88...« möglich. Vergleicht man die beiden Merkmale, lässt sich erkennen, dass die Variable »Alter« ungleich mehr Möglichkeiten zur Datenanalyse bietet als das Merkmal »Geschlecht«. Dies liegt darin begründet, dass den Merkmalen unterschiedliche Messniveaus zugrunde liegen. Merkmale, die auf einem hohen Messniveau gemessen werden können, sind jedoch auch mit einem niedrigeren Messniveau messbar bzw. in ein niedrigeres Messniveau transformierbar. Das im obigen Beispiel verwendete ratio-skalierte Merkmal »Alter« kann beispielsweise auch mit einem ordinalen Messniveau gemessen werden:

❏ bis 30 Jahre   ❏ 31–45 Jahre   ❏ 46–64 Jahre   ❏ über 64 Jahre

In diesem Fall wurde das ratio-skalierte Merkmal »Alter« in ein ordinal-skaliertes Merkmal transformiert. Für die statistische Auswertung kommen somit nur die mathematischen Operationen in Betracht, die in Tabelle 6 für das ordinale Messniveau genannt sind. Es gehen also Informationen verloren.

Neben der in Tabelle 6 genannten Einteilung lassen sich die Merkmale nach der Art der Ausprägungen in stetige (kontinuierliche) und diskrete (diskontinuierliche) Variablen unterschieden. Diskrete Variablen (z. B. Schulnoten, Anzahl Kinder, Einwohneranzahl) können gezählt werden und besitzen nur endlich viele Ausprägungen, während stetige Variablen (z. B. Körpergewicht, Körpergröße, Temperatur) gemessen werden können und unendlich viele Merkmalsausprägungen aufweisen (vgl. Diekmann 2007).

Im Folgenden sind die gebräuchlichsten Skalierungsverfahren in einer Übersicht zusammengefasst.

Grundsätzlich unterscheidet man Selbst- und Fremdeinstufungsverfahren. Während bei den Selbsteinstufungsverfahren die Testpersonen ihre Position auf einer Skala selbst bestimmen, übernimmt dies bei den Fremdeinstufungsverfahren der Untersuchungsleiter. Bei letzteren bildet sich der Untersuchungsleiter ein Gesamturteil aus mehreren Einzelmesswerten und führt auf deren Basis die Positionierung der Testpersonen durch. Die zugrunde liegenden Messwerte werden durch Batterien aus Einzelfragen erhoben, die das Untersuchungsobjekt umfassend beschreiben. Während bei den Selbsteinstufungsverfahren beispielsweise direkt nach der Zufriedenheit mit einem Produkt gefragt wird, werden bei den Fremdeinstufungsverfahren Urteile zu verschiedenen Produktteilbereichen eingeholt und diese im Anschluss durch z. B. eine Faktoranalyse (siehe Kapitel – Erhobene Daten analysieren und interpretieren) zu einem Gesamturteil verdichtet. Einen hohen Einfluss auf die Validität des Gesamturteils hat die Auswahl der Einzelfragen (Itemselektion) und die Methodik, nach der die Positionierung der Testpersonen auf der eigentlichen Skala erfolgt (Reaktionsinterpretation). Wird die Itemselektion und die Reaktionsinterpretation eher auf Basis des subjektiven Empfindens des Untersuchungsleiters vorgenommen, spricht man von einer subjektiven Fremdeinstufung. Erfolgen sie jedoch auf Basis von streng standardisierten Verfahren, handelt es sich um eine objektive Fremdeinstufung (vgl. Berekoven et al. 2006). Die wichtigsten Skalierungsverfahren sollen im Folgenden näher erläutert werden.

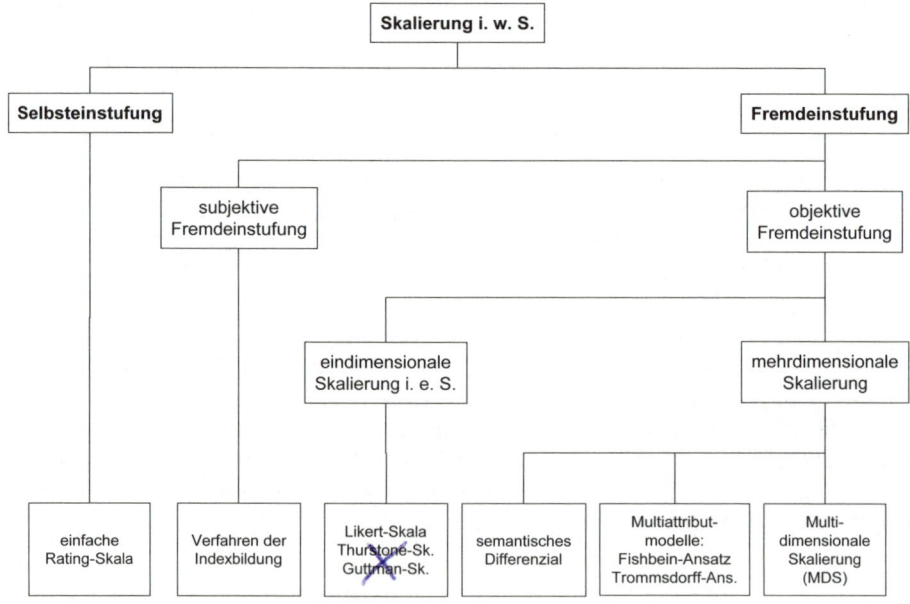

Abb. 10: Skalierungsverfahren (vgl. Berekoven et al. 2006)

Rating-Skala (Selbsteinstufungsverfahren)

Das in der Marketingforschung wohl am häufigsten angewendete Skalierungsverfahren ist die einfache Rating-Skala. Die einfache Rating-Skala gehört zu den Selbsteinstufungsverfahren und hat den Vorteil, dass sie sehr einfach zu

handhaben und vielseitig einsetzbar ist. Die Skala, auf der die Probanden ihre
Position zu einem bestimmten Merkmal einschätzen müssen, kann entweder
numerischer, verbaler oder grafischer Natur sein (vgl. Berekoven et al. 2006).

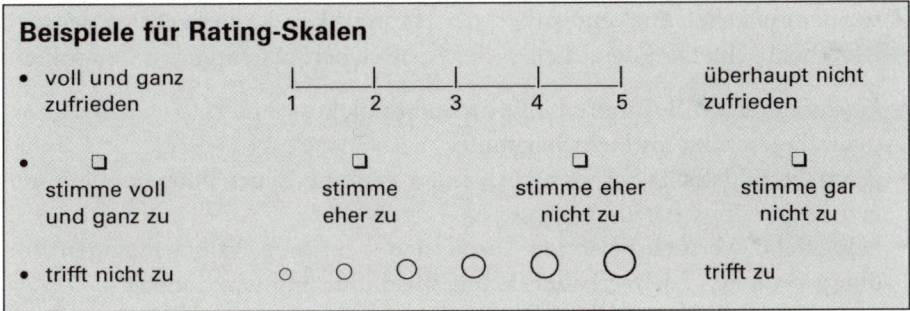

Rating-Skalen bilden »natürliche« Rangfolgen ab und messen deshalb mit
einem ordinalen Messniveau. Somit lassen sich nur Kleiner-/größer-Bezie-
hungen analysieren, wobei Angaben über die Abstände zwischen den einzelnen Antwortkategorien streng genommen nicht möglich sind. Dies würde
bedeuten, dass lediglich Häufigkeiten ausgezählt und Modus, Median, Quar-
tile und Prozentrangwerte (geben an, wie viel Prozent der Testpersonen einen
gleich hohen oder einen niedrigeren Messwert erzielt haben als der jeweilige
Proband) gebildet werden können (siehe Kapitel – Erhobene Daten analysieren und interpretieren). Rating-Skalen werden jedoch üblicherweise wie
metrische Messdaten (quasi intervall-skaliert) behandelt, weil man annimmt,
dass die Abstände auf der Skala von den Befragten bei entsprechender
grafischer Darstellung als gleiche Intervalle aufgefasst werden (die Entfernung
zwischen »1« und »2« wird als gleich groß eingestuft wie die Entfernung
zwischen »4« und »5«) (vgl. Berekoven et al. 2006). Dadurch sind alle
zulässigen Relationen der Intervallskala möglich.

Bezüglich der Anzahl der Antwortkategorien einer Rating-Skala gibt es
kontroverse Diskussionen. Grundsätzlich soll der Proband die Unterschiede
zwischen den Kategorien erkennen können, d.h. die Antwortkategorien
dürfen nicht zu grob bzw. zu fein gewählt sein. Im Allgemeinen werden
zwischen vier und sieben Stufen vorgegeben. Einen großen Einfluss auf die
Anzahl der Antwortkategorien hat die Kontaktmethode der Erhebung. Während bei schriftlichen Befragungen eine größere Anzahl an Kategorien
gewählt werden kann, sollten z.B. telefonische Befragungen mit weniger
Kategorien auskommen. Da die Testpersonen bei einer ungeraden Anzahl
von Kategorien die Möglichkeit haben, eine neutrale Position einzunehmen
(Tendenz zur Mitte), wird in vielen Untersuchungen eine gerade Anzahl von
Antwortkategorien verwendet, die eine Entscheidung des Probanden zugunsten der einen oder anderen Richtung erforderlich macht. Um den Probanden

eine Ausweichmöglichkeit zu bieten, werden die Rating-Skalen manchmal in der Praxis durch Antwortkategorien wie »keine Antwort« oder »ich weiß nicht« ergänzt.

Trotz der einfachen Anwendbarkeit der Rating-Skala können einige negative Effekte beobachtet werden, die bei der Analyse berücksichtigt werden sollten:

- **Nachsichteffekt:** Bekannte Untersuchungsobjekte werden tendenziell günstiger eingeschätzt als nicht bekannte.
- **Zentralitätseffekt:** Probanden vermeiden extreme Beurteilungen zugunsten gemäßigter Einschätzungen.
- **Haloeffekt:** Versuchspersonen lassen sich bei Ihren Einschätzungen von übergeordneten Sachverhalten leiten (Beeinflussung von außen).

Verfahren der Indexbildung (subjektives Fremdeinstufungsverfahren)

Das Verfahren der Indexbildung ist ein subjektives Fremdeinstufungsverfahren, d.h. der Untersuchungsleiter bildet sich ein Gesamturteil aus einer Batterie von Einzelmessungen zur Positionierung der Testperson auf einer (übergreifenden) Skala. Die Itemauswahl und die Reaktionsinterpretation sind bei diesem Verfahren fast willkürlich der subjektiven Einschätzung des Untersuchungsleiters überlassen. Durch das Verfahren der Indexbildung soll aus den unterschiedlichen Einzelmessungen ein Index gebildet werden, der einen mehrdimensionalen Sachverhalt durch eine einzige Maßzahl beschreibt. Hierfür werden Indexwerte für sämtliche Merkmalskombinationen vergeben.

Beispiel für das Verfahren der Indexbildung

Der Untersuchungsleiter nimmt an, dass die Zufriedenheit mit Produkt X durch die Dimensionen Produktqualität, Preis und Alltagstauglichkeit bestimmt wird. Nun werden diese drei Indikatoren auf 6-stufigen Skalen gemessen:

- **Produktqualität**
  hoch   1-----2-----3-----4-----5-----6 niedrig
- **Preis**
  günstig   1-----2-----3-----4-----5-----6 teuer
- **Alltagstauglichkeit**
  alltagstauglich   1-----2-----3-----4-----5-----6 nicht alltagstauglich

Werden die Messwerte der einzelnen Probanden für jedes Item aufsummiert, erhält man einen Indexwert pro Testperson, der auf einer übergreifenden Skala abgebildet wird. Der Untersuchungsleiter nimmt an, dass der Proband umso zufriedener mit Produkt X ist, je höher die Qualität, je günstiger der Preis und je alltagstauglicher das Produkt bewertet wird. In anderen Worten: Je geringer der errechnete Indexwert, desto zufriedener sind die Testpersonen mit Produkt X. Markiert ein Proband bei allen Einzelfragen den Skalenwert »1«, dann ergibt sich für diese Person ein Indexwert von »3«, welcher mit der höchsten Zufriedenheitsstufe gleichgesetzt werden kann. Durch eine Gewichtung von einzelnen Messwerten kann einer höheren Bedeutung von Items Rechnung getragen werden. Um die Indexbildung wie in diesem Beispiel durchführen zu können, müssen die Indikatoren als (quasi) intervall-skaliert angesehen werden (siehe Rating-Skala).

Likert-Skala/Thurstone-Skala/Guttman-Skala (objektive Fremdeinstufungsverfahren, eindimensionale Skalierung)

Likert-Skala, Thurstone-Skala und Guttman-Skala gehören zu den objektiven Fremdeinstufungsverfahren, d.h. die Itemselektion und die Reaktionsinterpretation basieren auf streng standardisierten Vorschriften. Dies stellt den größten Unterschied zum Verfahren der Indexbildung dar. Likert-, Thurstone- und Guttman-Skala werden verwendet, um Einstellungen von Testpersonen zu messen, indem entweder die affektive (fühlen), die kognitive (denken) oder die konative (handeln) Komponente der menschlichen Psyche mittels geeigneter Indikatoren operationalisiert und gemessen wird. Sie werden auch als eindimensionale Skalierungsverfahren bezeichnet, weil sie jeweils nur eine der drei oben genannten Komponenten überprüfen. Da die Skalenkonstruktion sehr aufwendig ist, werden diese Skalierungsverfahren in der Marketingforschungspraxis nur selten eingesetzt (vgl. Koch 2004).

Das noch am häufigsten eingesetzte Skalierungsverfahren ist die Likert-Skala. Es handelt sich um eine Technik der summierten Einschätzungen, d.h. den Probanden wird eine Batterie von Items vorgelegt, die beurteilt und anschließend vom Untersuchungsleiter zu einem Gesamturteil verdichtet werden. Im ersten Schritt werden zahlreiche Items (Einzelfragen) formuliert (bis zu 100 Items), von denen man annimmt, dass sie positive und negative Einstellungen zum Untersuchungsobjekt (z.B. Zufriedenheit mit einem Produkt) zum Ausdruck bringen (vgl. Green, Tull 1982). Mit Hilfe von 5-stufigen Rating-Skalen, welche die Zustimmung bzw. Ablehnung zu den einzelnen Merkmalen messen sollen, werden die Items von den Testpersonen bewertet. Hierzu wird häufig nur eine kleine Testgruppe eingesetzt. Summiert man die jeweiligen Skalenwerte der Rating-Skalen erhält man einen Gesamtwert für jeden Probanden der Testgruppe. Im nächsten Schritt wird durch eine Itemanalyse ermittelt, welche Items zur Beschreibung des Untersuchungsobjekts geeignet sind und welche nicht. Ein Item ist dann geeignet, wenn es zur Diskriminierung der Testpersonen beiträgt, d.h. Personen mit unterschiedlichen Einstellungen trennt. Dazu werden die Testpersonen nach ihren Gesamtwerten geordnet und zwei Extremgruppen gebildet – die 25 % mit den höchsten Gesamtwerten und die 25 % mit den niedrigsten Gesamtwerten. Vergleicht man die Itemmittelwerte beider Gruppen und bildet die Differenz für jedes Item, erhält man ein Maß für die Diskriminanzfähigkeit der Items. Die

geeigneten Items mit der höchsten Diskriminanzfähigkeit bilden die endgültige Likert-Skala (ca. 20–30 Items). Diese endgültige Skala wird verwendet,
um die eigentliche Datenerhebung durchzuführen. Die Positionierung der
Testpersonen erfolgt nun durch Addition der Skalenwerte der einzelnen Items
und die anschließenden Bildung des arithmetischen Mittels. Der größte
Unterschied zum Verfahren der Indexbildung liegt darin, dass die Items in
einem vorangegangenen Schritt auf ihre Diskriminanzfähigkeit untersucht
werden und nicht nur aufgrund der subjektiven Einschätzung des Untersuchungsleiters Berücksichtigung finden.

Beispiel für eine Likert-Skala

Die Verpackung von Produkt X ist für mich ansprechend.

- stimme voll zu |----------|----------|----------|----------| stimme überhaupt
  +2   +1   0   –1   –2   nicht zu

Die Thurstone-Skala unterscheidet sich von der Likert-Skala darin, dass die
gesammelten Items (mehr als 100 Items), die sowohl neutrale als auch extreme
Aussagen gegenüber dem interessierenden Einstellungsobjekt enthalten sollten, zunächst von unabhängigen Experten auf einer 11-stufigen Skala (1 =
sehr negativ/6 = neutral/11 = sehr positiv) beurteilt werden, bevor sie eine
Bewertung durch die Testpersonen erfahren. Die Experten sollen dabei nicht
ihre eigene Einstellung zum Ausdruck bringen, sondern die vermutete durchschnittliche Einstellung der intendierten Zielgruppe. Für alle von den Experten bewerteten Items werden anschließend der Median und die Streuung
berechnet. Der Median wird verwendet, um das jeweilige Item auf einer
11-stufigen Gesamtskala einzuordnen (vgl. Koch 2004). Es sollte für jede
Skalenstufe mindestens ein Item für die eigentliche Messung ausgewählt
werden (Bewertung anhand der Streuung der Items). Bei der eigentlichen
Messung werden die ausgewählten Items durch die Testpersonen bewertet. Sie
können sich lediglich entscheiden, ob sie einem Item zustimmen oder es
ablehnen. Bei Zustimmung wird den Probanden der Skalenwert, der dem
Item über die 11-stufige Expertenskala zugeordnet wurde, angerechnet. Die
Position eines Probanden auf der endgültigen Einstellungsskala ergibt sich
über das arithmetische Mittel der Messwerte. Die Konstruktion dieser Skala ist
vergleichsweise aufwendig und mit einigen Problemen behaftet und wird
deshalb heute fast nicht mehr eingesetzt (vgl. Schnell et al. 2008).

Beispiel für eine Thurstone-Skala

Welche Einstellung haben die Probanden gegenüber der kommenden Steuer-reform?

Sehr negativ	neutral	sehr positiv

1------2------3------4------5------6------7------8------9------10------11

Auch die Guttman-Skala ähnelt grundsätzlich der Likert-Skala, unterscheidet sich aber darin, dass der Proband, wie bei der Thurstone-Skala, lediglich seine Zustimmung oder Ablehnung gegenüber den Items äußert. Des Weiteren sind die Items der Guttman-Skala so angeordnet, dass sie in ihren Aussagen immer extremer werden. Es wird angenommen, dass Testpersonen, die einer extre-men Aussage zustimmen, auch allen vorhergehenden weniger extremen Items zustimmen. Sobald jedoch ein Proband einem Item nicht mehr zustimmt, sollte er theoretisch auch den folgenden extremer werdenden Items nicht mehr zustimmen.

Beispiel für eine Guttman-Skala

	Zustimmung	Ablehnung
• Ich befürworte alternative Antriebsformen für Autos.	❑	❑
• Es sollten nur noch Autos mit alternativen Antriebsformen gebaut werden.	❑	❑
• Alle Autos, die mit einem Benzin- oder Dieselmotor betrieben werden, sollten aus dem Verkehr gezogen werden.	❑	❑

Ein Proband, der fordert, dass alle mit Benzin- oder Dieselmotor betriebenen Autos aus dem Verkehr gezogen werden sollten, müsste logischerweise auch den ersten beiden Items zustimmen. Hingegen sollte ein Proband, der das erste Item ablehnt, auch die übrigen Items ablehnen.

Stimmt eine Testperson einem Item zu, erhält sie den Messwert »1« für dieses Item, stimmt sie nicht zu, erhält sie den Messwert »0«. Addiert man die Mess-werte der Items für jeden Probanden, lassen sich die Testpersonen anhand ihrer Gesamtpunktzahl in eine Rangfolge bringen und dadurch auf der endgültigen Skala positionieren. Je höher die Gesamtpunktzahl, desto höher der Zustim-mungsgrad zu einem Thema. Unterscheidet sich das theoretisch nach Guttman erwartete Antwortverhalten von dem tatsächlichen Antwortverhalten, sollte der jeweilige Proband aus der Untersuchung ausgeschlossen werden (vgl. Koch 2004). Alternativ kann ein so genannter Reproduzierbarkeitskoeffizient berech-net werden, der die Güte der Guttman-Skala misst. Sofern ein bestimmter Wert nicht unterschritten wird, kann die Guttman-Skala angewendet werden.

Semantisches Differenzial/Multiattributmodelle/Multidimensionale Skalierung (objektive Fremdeinstufungsverfahren, mehrdimensionale Skalierung)

Durch die Imageforschung hat sich ein zweiter Zweig der objektiven Fremdeinstufungsverfahren gebildet. Es handelt sich um mehrdimensionale Skalierungsverfahren, die nicht nur eine der Einstellungskomponenten (affektiv, kognitiv, konativ) betrachten, sondern die Bewertung auf Basis der affektiven und der kognitiven Komponente vornehmen (vgl. Koch 2004). In diese Kategorie fallen das semantische Differenzial, die Multiattributmodelle – Fishbein- und Trommsdorff-Ansatz – und die Multidimensionale Skalierung (MDS).

Das semantische Differenzial bzw. Polaritätenprofil verwendet gegensätzliche Eigenschaftspaare (z.B. süß – sauer, langweilig – aufregend, einfach – umständlich), um mit Hilfe von 7-stufigen bipolaren Rating-Skalen die Einstellung gegenüber einem Untersuchungsobjekt zu messen (vgl. Koch 2004). Nachdem die Testpersonen auf den Rating-Skalen ihre Bewertung abgegeben haben, ergibt sich über die Berechnung des arithmetischen Mittels über alle Testpersonen ein Eigenschaftsprofil (siehe Beispiel). Über das Eigenschaftsprofil können die Untersuchungsobjekte (Marken/Produkte) verglichen werden. Zudem ist es üblich, in der Analysephase verschiedene Zielgruppen miteinander zu vergleichen (z.B. Verwender/Nichtverwender, Gelegenheitsverwender/Intensivverwender) (vgl. Koch 2004). Durch statistische Analysemethoden (z.B. Faktorenanalyse) können die einzelnen Items auch zu übergreifenden Bewertungen zusammengefasst werden.

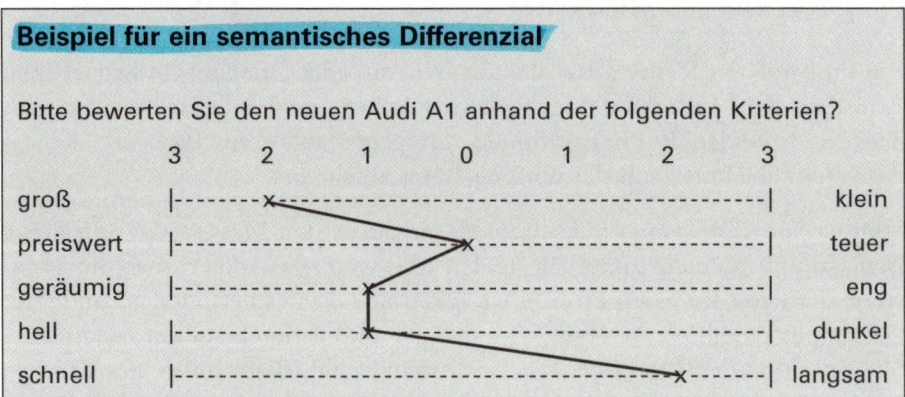

Beispiel für ein semantisches Differenzial

Bitte bewerten Sie den neuen Audi A1 anhand der folgenden Kriterien?

	3	2	1	0	1	2	3	
groß								klein
preiswert								teuer
geräumig								eng
hell								dunkel
schnell								langsam

Multiattributmodelle stellen im Vergleich zum semantischen Differenzial eine genauere Technik der mehrdimensionalen Einstellungsmessung dar. Die Messung erfolgt dabei mit konkretem Bezug zum Untersuchungsobjekt. Multiattributmodelle lassen sich in komponierende (z.B. Fishbein-Ansatz, Trommsdorff-Ansatz) und dekomponierende (z.B. multidimensionale Skalierung) Verfahren unterteilen. Während bei den komponierenden Verfahren zunächst die einstellungsrelevanten Merkmale bestimmt und anschließend ihre Beiträge zur Gesamtwirkung gemessen werden, geben die Probanden bei den dekomponierenden Verfahren lediglich Globalurteile über verschiedene Untersuchungsobjekte ab (vgl. Berekoven et al. 2006).

Der Fishbein-Ansatz zählt zu den komponierenden Verfahren und wird verwendet, um die Einstellung (Eindruckswert) einer Person gegenüber einem Untersuchungsobjekt zu messen – sie setzt sich aus einer Vielzahl von einstellungsrelevanten Eigenschaften zusammen (vgl. Koch 2004). Diese Eindruckswerte werden durch die Verknüpfung von kognitiven (erkenntnismäßigen) und affektiven (gefühlsbetonten) Komponenten gebildet. Hierfür werden zunächst die einstellungsrelevanten Eigenschaften annähernd spontan bestimmt (z. B. Mp3-Player: Größe, Akkulaufzeit, Akkuladezeit, Speicherkapazität, Design, Bedienbarkeit). Als nächster Schritt wird mittels Rating-Skalen die kognitive und affektive Einstellung gegenüber den Eigenschaften gemessen. Die kognitive Komponente misst die vom Probanden subjektiv wahrgenommene Existenz einer Eigenschaft, die affektive Komponente hingegen die Bewertung der jeweiligen Eigenschaft durch den Befragten. Anschließend wird der affektive und der kognitive Messwert zu einem Eindruckswert multipliziert. Die Aufsummierung aller resultierenden Eindruckswerte (zu Größe, Akkulaufzeit, Akkuladezeit, Speicherkapazität, Design, Bedienbarkeit) ergibt die Einstellung einer Person gegenüber einem Untersuchungsobjekt.

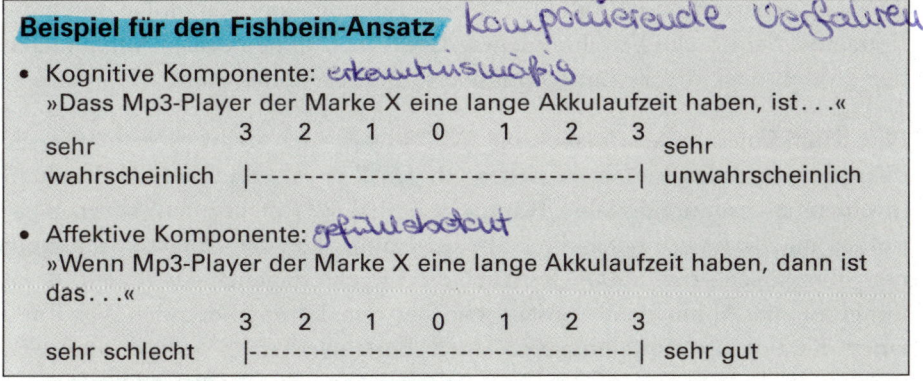

Beispiel für den Fishbein-Ansatz   *komponierende Verfahren*

- Kognitive Komponente: *erkenntnismäßig*
  »Dass Mp3-Player der Marke X eine lange Akkulaufzeit haben, ist...«

	3 2 1 0 1 2 3	
sehr wahrscheinlich	|---------------------------------|	sehr unwahrscheinlich

- Affektive Komponente: *gefühlsbetont*
  »Wenn Mp3-Player der Marke X eine lange Akkulaufzeit haben, dann ist das...«

	3 2 1 0 1 2 3	
sehr schlecht	|---------------------------------|	sehr gut

Der Trommsdorff-Ansatz ist eine Weiterentwicklung des Fishbein-Ansatzes. Bei diesem Modell wird die kognitive Komponente direkt über die wahrgenommene Eigenschaftsausprägung und die affektive Komponente indirekt über die für »ideal« gehaltenen Merkmalsausprägungen erfasst (vgl. Koch 2004). Die Testpersonen werden also befragt, wie sie die Ausprägung einer bestimmten Eigenschaft eines existierenden Produkts bewerten und wie die Eigenschaftsausprägung eines Idealproduktes aussehen müsste. Durch die

Subtraktion des affektiven vom kognitiven Messwert ergibt sich der Eindruckswert. Die Einstellung der Testpersonen zum Untersuchungsobjekt resultiert schließlich aus der Addition der einzelnen Eindruckswerte. Je kleiner der berechnete Eindruckswert, desto geringer ist die Distanz zum Idealprodukt und desto positiver ist die Einstellung zum untersuchten Produkt (vgl. Berekoven et al. 2006).

Beispiel für den Trommsdorff-Ansatz *dekomponierende Verfahren*

- Kognitive Komponente:
  »Wie bewerten Sie die Akkulaufzeit der Mp3-Player der Marke X?«

  | | 3 | 2 | 1 | 0 | 1 | 2 | 3 | |
  | sehr lang | |--------------------------------| sehr kurz |

- Affektive Komponente:
  »Wie lang soll die Akkulaufzeit eines idealen Mp3-Players sein?«

  | | 3 | 2 | 1 | 0 | 1 | 2 | 3 | |
  | sehr lang | |--------------------------------| sehr kurz |

Die Kritikpunkte an komponierenden Verfahren sind, dass die Einstellung gegenüber dem Untersuchungsobjekt durch eine Kombination von getrennt gemessenen Merkmalen bestimmt wird und nur vorher festgelegte, einstellungsrelevante Eigenschaften in die Bewertung mit einfließen. Im Gegensatz dazu gehen dekomponierende Verfahren umgekehrt vor und bestimmen die einstellungsrelevanten Merkmale nicht im Voraus, sondern durch eine pauschale Einschätzung der Produkte oder die Bildung einer Rangfolge durch die Befragten. Statistische Verfahren leiten daraus mehrdimensionale Abbildungen der Produkte ab, die als Einstellungswerte interpretierbar sind.

Die Multidimensionale Skalierung (MDS) soll hier stellvertretend für die dekomponierenden Verfahren stehen. Ihr Ziel ist es, Objekte (z. B. Marken) in einem mehrdimensionalen Raum (maximal 3 Dimensionen) so zu positionieren, dass die geometrische Nähe die Ähnlichkeit der Objekte wiedergibt (vgl. Berekoven et al. 2006). Je näher die Objekte beieinander stehen, desto höher ist die Ähnlichkeit. Anstatt wie bei den komponierenden Verfahren einen Katalog an einstellungsrelevanten Eigenschaften bewerten zu lassen, werden die Probanden aufgefordert, lediglich die subjektive Ähnlichkeit von Untersuchungsobjekten im Paarvergleich zu bewerten. Die einstellungsrelevanten Eigenschaften sind hier oft nicht einmal bekannt. Die Ähnlichkeit der Objekte wird häufig mit einer 7-stufigen Rating-Skala gemessen, auf der lediglich die jeweiligen Endpunkte »sehr ähnlich« und »sehr unähnlich« angegeben sind. Der Bewertungsvorgang wird so lange durchgeführt, bis alle Untersuchungsobjekte miteinander verglichen wurden und die Objekte anhand ihrer Ähnlichkeit in eine Rangfolge gebracht werden können. Je ähnlicher die Objektpaare, desto höher der Rang und desto geringer die Distanz im Merkmalsraum. Die Positionierung im Merkmalsraum wird schließlich mit Hilfe von statistischen Verfahren vorgenommen (vgl. Koch 2004). Nachdem die Objekte im Merkmalsraum platziert sind, müssen die Dimensionen des Merkmalsraums interpretiert werden. Wie bei der Faktoren- und Clusteranalyse ist dieses Interpretationsproblem noch nicht zufriedenstellend gelöst (vgl. Nieschlag et al. 2002). Zur Interpretation werden Experten hinzugezogen oder statistische Verfahren eingesetzt, die auch z. B. bei der Faktorenanalyse zum Einsatz kommen. Eine Möglichkeit zur Erleichterung der Interpretation kann darin liegen, zusätzlich von den Probanden die Wichtigkeit von bestimmten Merkmalen für den Kaufentscheidungsprozess bewerten zu lassen. Ein häufiges Anwendungsgebiet der MDS ist die Positionierung von Marken.

Beispiel für die Multidimensionale Skalierung

Es sollen die folgenden Mp3-Player anhand ihrer Ähnlichkeit eingeschätzt werden:

Microsoft Zune, Apple iPod Touch, LG T80, Archos Gmini, Creative Zen Stone

Um die Ähnlichkeit der Mp3-Player bewerten zu lassen, wurden den Testpersonen folgende Fragen gestellt:

- »Wie ähnlich sind sich der Microsoft Zune und der Apple iPod Touch?
  sehr ähnlich |-----|-----|-----|-----|-----|-----| sehr unähnlich

- »Wie ähnlich sind sich der Archos Gmini und der Microsoft Zune?
  sehr ähnlich |-----|-----|-----|-----|-----|-----| sehr unähnlich

- . . .

Anhand der Ähnlichkeitseinschätzungen konnte folgende Tabelle erstellt werden, welche die Häufigkeiten der Nennung »nicht sehr ähnlich« zeigt:

	Microsoft Zune	Apple iPod Touch	LG T80	Archos Gmini	Creative Zen Stone
Microsoft Zune	–				
Apple iPod Touch	6	–			
LG T80	8	0	–		
Archos Gmini	10	8	9	–	
Creative Zen Stone	10	10	6	10	–

Sechs der Befragten sind der Ansicht, dass sich Apple iPod Touch und Microsoft Zune nicht sehr ähnlich sind. Je größer die Anzahl der Nennungen in der Matrix, desto unähnlicher sind die verglichenen Produkte. Anhand dieser Matrix wird im nächsten Schritt die Distanz zwischen den Objekten berechnet und eine grafische Positionierung erarbeitet.

Nachdem nun die wichtigsten Werkzeuge zur Formulierung von Fragen erläutert wurden, sollten abschließend noch grundsätzliche Regeln zur Fragenformulierung angeführt werden (vgl. Kamenz 2001):

- **Einfache Sprache**
  Keine Fremdwörter, allgemein gültige Begriffe und Formulierungen. Die Sprache muss dem Adressatenkreis gemäß gewählt werden.
  Falsch: »Welche der folgenden Ausstattungsfeatures sind im Evaluationsprozess für Ihr zukünftiges Automobil kaufentscheidend?«
- **Kurze und prägnante Sätze**
  Keine Bandwurm- oder Schachtelsätze. Je eher die Fragen einem Alltagsgespräch entsprechen, desto verständlicher sind sie.
  Falsch: »Kreuzen Sie die von Ihnen als wichtig erachteten Eigenschaften des Produktes X, auf Basis derer Sie Ihre Kaufentscheidung treffen, an und bringen Sie diese anschließend in eine Reihenfolge, die Ihrer Wichtigkeit entspricht.«
- **Konkrete Fragestellungen**
  Nur eine Aussage pro Fragestellung.
  Falsch: »Wie bewerten Sie Produkt X hinsichtlich Qualität und Bedienbarkeit?«
- **Eindeutige Fragestellungen**
  Vorsicht vor Synonymen, Homonymen und regionalen Nebenbedeutungen. Alle Befragten sollten unter der Frage den gleichen Inhalt verstehen.
  Falsch: »Wie hoch ist Ihr Einkommen?« (Brutto- oder Nettoeinkommen?; Einzel oder Haushaltseinkommen?)
- **Neutrale Fragestellungen**
  Keine Suggestivfragen verwenden.
  Falsch: »Wie bewerten Sie die Qualität unseres erstklassigen Produktes?«
- **Keine Überforderung**
  Keine komplizierten Fragen. Gedächtnisstützen einbauen, begrenzte Antwortmöglichkeiten vorsehen, erschöpfende und klar voneinander abgegrenzte Antwortkategorien verwenden. Vermeidung von komplexen Rechercheaufgaben (z. B. gefahrene Kilometeranzahl in den letzten 3 Monaten) und schwierigen Gedächtnisfragen (z. B. Preis des ersten Autos).
  Falsch: »Meinen Sie auch, dass Fahrzeuge mit einer MOST-Vernetzung technisch besonders fortschrittlich sind?«

Das Ergebnis des ersten Schrittes der Fragebogengestaltung ist ein Fragenkatalog, der nun in den nächsten Phasen verfeinert werden muss.

2) Ordnung der Fragen

Im zweiten Schritt der Fragebogenerstellung werden die Fragen in eine sinnvolle Reihenfolge gebracht, mit dem Ziel, die Befragten zu motivieren und deren Antwortbereitschaft hoch- bzw. beizubehalten (vgl. Meffert 1992). Nach ihrer Funktion im Fragebogen lassen sich vier Gruppen von Fragen unterscheiden, die zugleich den Aufbau des Fragebogens vorgeben (vgl. Nieschlag et al. 2002; Meffert 2000; Weis, Steinmetz 2005):

- **Einleitungs-, Kontakt- und Eisbrecherfragen**
  Dieser Fragetyp steht am Anfang eines Fragebogens und soll die Interviewten in die Befragung einführen, ein angenehmes Gesprächsklima aufbauen und Hemmschwellen abbauen. Sie sollten für jeden Probanden ansprechend, möglichst leicht zu beantworten und eher neutral formuliert sein. Ein direkter Bezug zum Untersuchungsthema ist nicht zwingend notwendig.
  Beispiel: *Jetzt im Sommer ist ja wieder Biergartensaison und man sitzt gerne draußen, um etwas zu essen oder zu trinken. Waren Sie in diesem Jahr schon in einem Biergarten?*

- **Sachfragen**
  Sachfragen bilden den Hauptteil der Befragung und beziehen sich primär auf den eigentlichen Untersuchungsgegenstand. Schwierige Sachfragen sollten sich dabei mit leichten Fragen abwechseln.
  Beispiel: Welche Serviceleistungen sollten Ihrer Meinung nach von unserem Unternehmen für das Produkt X angeboten werden?

- **Kontroll- und Plausibilitätsfragen**
  Sie testen die Ehrlichkeit der Testperson und die Konsistenz der Antworten und bieten eine gute Kontrollmöglichkeit für die Interviewer. Zur Plausibilitätsprüfung werden an unterschiedlichen Stellen im Fragebogen Fragen zum gleichen Sachverhalt gestellt (Wiederholungsfragen), die dann in der Datenanalysephase verglichen werden.
  Beispiel: *Wie bewerten Sie das Produkt X? Vergeben Sie eine Schulnote von 1 = sehr gut bis 6 = ungenügend*
  Note _____
  Kontrollfrage: Alles in Allem: Wie schätzen Sie das Produkt X ein?
  ❑ *sehr gut*   ❑ *gut*   ❑ *befriedigend*
  ❑ *ausreichend*   ❑ *mangelhaft*   ❑ *ungenügend*

- **Fragen zur Person/Abschlussfragen**
  Die Fragen zur Person bilden in der Regel den Schluss eines Fragebogens, weil die Probanden am Ende der Befragung grundsätzlich auskunftsfreudiger, aber auch müder als zu Beginn sind. Sie dienen zur Erhebung von soziodemografischen (z.B. Alter, Geschlecht, Schulbildung) und ökonomischen Merkmalen (z.B. Einkommen) der Befragten. An das Ende der Befragung wird häufig noch eine offene Frage gestellt, die bei den Befragten ein gutes Gefühl hinterlassen soll und ihnen die Möglichkeit gibt, sich offen zu äußern.
  Beispiel: *Gibt es etwas, was Sie uns abschließend noch zum Thema X mitteilen wollen?*

Die Fragebogenstruktur sollte sich an der oben genannten Auflistung orientieren. Für Befragungen mit unterschiedlichen Themengebieten ist es sinnvoll, Fragenblöcke zu erstellen, die auch grafisch anzeigen, dass ein neues Themengebiet eröffnet wird.

Zusätzlich zu den vier genannten Hauptkategorien werden in Fragebögen auch folgende Frageformen eingesetzt:

- **Filterfragen**
  Häufig gibt es Fragenblöcke, die nicht von allen Befragten durchlaufen werden sollen bzw. auf verschiedene Zielgruppen angepasst sind. In diesem Fall werden Filterfragen eingesetzt, um den Probanden die passenden Fragen zuzuspielen oder Fragenblöcke zu überspringen. Bei schriftlichen Befragungen können diese Fragen die Komplexität des Fragebogens erhöhen, was zu einer Demotivierung der Probanden führen kann. Im Rahmen von computergestützten Befragungen können diese Filter einfach und für den Probanden nicht wahrnehmbar umgesetzt bzw. programmiert werden.
  Beispiel: *Besitzen Sie ein Auto?*
               ❏ *Ja*   ❏ *Nein → weiter mit Frage X.*
- **Übergangs- und Vorbereitungsfragen**
  Die Aufgabe von Übergangs- und Vorbereitungsfragen ist es, den Probanden eine Pause zu verschaffen und den Ablauf der Gedankengänge in die beabsichtigte Richtung zu lenken oder den Wechsel des Themas zu erleichtern (z. B. Omnibusbefragungen).
- **Ablenkungs- und Pufferfragen**
  Ablenkungsfragen werden eingesetzt, um die Beantwortung nachfolgender Fragen nicht zu sehr von den bisherigen Fragen und den Einstellungen dazu abhängig zu machen. Pufferfragen hingegen werden zwischen thematisch verwandten Fragen eingeschoben und haben die Aufgabe, durch Wegführen vom bisherigen Thema etwaige Ausstrahlungseffekte zu beseitigen.

3) Überprüfung des Fragebogens

Aus der Ordnung des Fragenkatalogs entsteht ein erster Fragebogenentwurf, der im Rahmen eines so genannten Pre-Tests an einigen Personen (i. d. R. 10–20 Personen) vorgetestet werden sollte. Der Pre-Test wird durchgeführt, um die Funktionsfähigkeit und Benutzerfreundlichkeit des Fragebogens, die Eindeutigkeit und Verständlichkeit der Fragen, die Vollständigkeit der Antwortkategorien, das Layout des Fragebogens, die Dauer der Befragung sowie sonstige Auffälligkeiten im Fragebogen zu bewerten. Die im Rahmen des Pre-Tests erhobenen Daten sind auch einer Auswertung zu unterziehen, um festzustellen, ob die Fragen objektiv, reliabel und valide sind. Fragen, die entweder von der Mehrzahl der Probanden extrem, mit einer Tendenz zur Mitte oder überhaupt nicht beantwortet wurden, sind in der Regel einer Korrektur zu unterziehen.

Nach einer sorgfältigen Überarbeitung wird der Fragebogen in das endgültige Fragebogenlayout eingepasst, das, nebenbei bemerkt, immer auch einen nicht zu unterschätzenden Einfluss auf die Motivation und die Konzentrationsfähigkeit der Probanden hat.

4) Vorbereitung der Hauptuntersuchung

Je nach Kontaktmethode (siehe nächstes Kapitel) müssen im Vorfeld der Erhebung noch kleinere Aufgaben bewältigt werden. Hierzu zählen beispielsweise der Ausdruck des Papierfragebogens, die Schaffung der technischen Voraussetzungen für einen Internet-Fragebogen, die Interviewerschulung oder die Formulierung eines Anschreibens. Ein Anschreiben sollte folgende Informationen beinhalten (vgl. Weis, Steinmetz 2005):

- Offizieller Briefkopf der durchführenden Institution
- Untersuchungsthema und -zweck
- Begründung der Auswahl des Befragten für die Untersuchung
- Anreiz (Incentive) für die Teilnahme an der Befragung (z. B. Gewinnspiel, Give-Aways, Rückmeldung der Untersuchungsergebnisse)
- Zeitlicher Horizont der Untersuchung (z. B. Rücksendetermin)
- Anleitung zur Durchführung der Befragung (z. B. Ausfüllanleitung)
- Ansprechpartner und Kontaktdaten für Rückfragen
- Zusicherung der Vertraulichkeit der Untersuchung (Anonymität)
- Dank für die Beantwortung

Tipps & Tricks

- Oft besitzen Testpersonen zu einem bestimmten Thema keine Meinung oder möchten sich dazu nicht äußern. Durch die Angabe einer Ausweichkategorie (z. B. »weiß nicht«, »keine Angabe«) können falsche bzw. fehlende Antworten oder ganze Befragungsabbrüche vermieden werden. Diese Option sollte jedoch nur dann gegeben werden, wenn sie inhaltlich begründet ist.
- Es sollte eine bestimmte Befragungsdauer nicht überschritten werden, da ansonsten die Konzentration und Motivation der Befragten beträchtlich abnimmt. In der Regel sollten Befragungen zwischen 15 – 40 Minuten dauern, wobei schriftliche und Internet-Befragungen maximal 30 Minuten dauern sollten.
- Für Expertenbefragung, informelles Gespräch und Gruppendiskussion (nicht-standardisierte Befragungsstrategie) ist eine sorgfältige Vorbereitung unbedingt erforderlich.
- Zu Überwindung von Antworthemmungen sollten Fragenblöcke immer vom Allgemeinen zum Besonderen aufgebaut sein.

- Zur Erleichterung des Verständnisses bei komplexen Fragestellungen bietet es sich an, erläuternde Beispiele in die Frage zu integrieren.
- Die Fragen im Fragebogen sollten inhaltlich sauber strukturiert und durchnummeriert werden, damit sich sowohl Proband und gegebenenfalls auch Interviewer besser zurechtfinden.
- Die Mess- und Skalenniveaus, die im Rahmen der Fragenformulierung verwendet werden, bestimmen die Möglichkeiten der Datenauswertung und sind deswegen sehr sorgfältig zu wählen.
- Die Ergebnisse des Pre-Tests sollten im Untersuchungsteam sorgfältig geprüft und selektiv eingearbeitet werden.
- Sowohl der Fragebogen als auch ein etwaiges Anschreiben sollten nach der Finalisierung mit dem Auftraggeber abgestimmt werden.

3-2f Kontaktmethode wählen

Die Kontaktmethode beschreibt den Weg, über den die Testperson kontaktiert und die Untersuchung durchgeführt werden soll. Während man bei der Beobachtung, der Fokusgruppe und dem Experiment lediglich zwischen einer persönlichen und einer apparativen Messung unterscheidet, kommen für die Befragung weitere Kontaktmethoden in Betracht. Befragungen können schriftlich, mündlich, telefonisch oder online durchgeführt werden (vgl. Berekoven et al. 2006).

Schriftliche Befragungen

Bei der schriftlichen Befragung erhält der Proband ein kurzes Anschreiben inklusive Fragebogen per Post, Fax oder E-Mail. Alternativ können die Fragebögen persönlich oder als Zeitschriften-/Zeitungsbeilage verteilt werden. Im Anschreiben wird die Zielsetzung der Untersuchung erläutert und die Testperson gebeten, den Fragebogen bis zu einem bestimmten Termin ausgefüllt zurückzusenden. Für die schriftliche Befragung ist es wichtig, dass die Fragen einfach und unmissverständlich formuliert sind, da der Interviewte den Fragebogen allein ausfüllt und in der Regel keine Rückfragen stellen kann.

Mündliche Befragungen

Die mündliche Befragung (Face-to-Face-Interview) erfolgt durch einen Interviewer, der den Kontakt herstellt, die Testperson durch den Fragebogen führt und die Antworten notiert. Typische Interviewsituationen finden auf der Straße oder im Einkaufszentrum statt. Auch das Interview bei den Probanden zuhause ist eine in der Praxis angewendete Variante. Durch den engen

Kontakt zwischen Interviewer und Interviewten sind mündliche Befragungen besonders für komplexe Fragestellungen geeignet. Sowohl Testpersonen als auch Interviewer können bei Unklarheiten nachfragen und zusätzliche Hinweise aus der Sprache, Mimik und Gestik des Gesprächspartners ziehen. Mündliche Befragungen werden heutzutage überwiegend computergestützt durchgeführt (CAPI = Computer Assisted Personal Interviewing). Hierzu werden dem Interviewer elektronische, mobile Datenerfassungsgeräte (z. B. Laptop, PDA) zur Verfügung gestellt, welche automatisiert durch den Fragenkatalog führen, Interview- und Ausfüllanweisungen geben und eine Möglichkeit zur Dateneingabe bieten.

Telefonische Befragungen

Die telefonische Befragung gewinnt derzeit mehr und mehr an Bedeutung, da dabei eingesetzte computergestützte Methoden die Durchführung stark vereinfachen (CATI = Computer Assisted Telefon Interviewing). Im Vergleich zur schriftlichen Befragung können telefonische Befragungen relativ schnell und kostengünstig durchgeführt werden (vgl. Weis, Steinmetz 2005). Wie bei der mündlichen Befragung können hier die Vorteile des direkten Kontaktes ausgespielt werden (z. B. aktive Rückfragemöglichkeit für den Interviewten, wenn eine Frage nicht genau verstanden wird).

Online-Befragungen

Erst durch die flächendeckende Verbreitung des Internets ist die Beliebtheit von Online-Befragungen stark gestiegen. Unter Online-Befragungen werden Untersuchungen mittels eines Fragebogens verstanden, der über eine Internetadresse erreichbar ist und dort von den Probanden »online« ausgefüllt werden kann (anonyme Online-Befragungen). Durch diese neue Kontaktmethode bietet sich die Möglichkeit, Musik, Bilder und Videos in den Fragebogen zu integrieren und interaktiv auf die Antworten der Testpersonen zu reagieren. Mittlerweile gibt es zahlreiche Softwarelösungen, mit denen Online-Fragebögen erstellt werden können. Diese Software-Tools beinhalten meistens Funktionen zur Kontaktaufnahme mit den Testpersonen und zur Überwachung der Einhaltung des Sampling-Plans. Während in der Vergangenheit an der Repräsentativität von Online-Befragungen gezweifelt wurde, weil nur bestimmte Bevölkerungsgruppen im Internet vertreten waren, relativiert sich dieser Nachteil mit der zunehmenden Verbreitung des Internets. Dennoch ist davon auszugehen, dass Stichproben aus dem Internet im Durchschnitt jünger und tendenziell technikaffiner sind als der repräsentative Bevölkerungsdurchschnitt. Ein weiteres Problem bei anonymen Online-Befragungen ist die Selbstselektion der Untersuchungsteilnehmer (Personen entscheiden selbst, ob sie an der Befragung teilnehmen möchten), die Kritiker zum Anlass nehmen, die Repräsentativität der Untersuchung in Frage zu stellen (mehr zum Thema Repräsentativität im Kapitel –Sampling-Plan erstellen) (vgl. Weis, Steinmetz 2005).

Andere Möglichkeiten der Online-Befragung sind der Download des Fragebogens von einer Internetseite bzw. die Versendung des Fragebogens per E-Mail und die Zurücksendung über ein elektronisches Medium (adressierte Online-Befragungen) (vgl. Weis, Steinmetz 2005). Interaktive Steuerelemente wie z. B. Checkboxen, Buttons und Textfelder sollen dabei die Beantwortung des Fragebogens für den Interviewten erleichtern.

Im Folgenden sind die Vor- und Nachteile der oben beschriebenen Kontaktmethoden tabellarisch dargestellt:

Tabelle 7: Vor- und Nachteile der Befragungsmethoden (vgl. Meffert et al. 2007)

	Schriftliche Befragung	Mündliche Befragung	Telefonische Befragung	Online-Befragung
Vorteile	• Abdeckung eines größeren räumlichen Gebietes • Niedrige Kosten, wenn Interesse seitens der Stichprobe und damit eine hohe Rücklaufquote zu erwarten ist • Keine Beeinflussung durch Interviewer (Interviewer-Effekt)	• Hohe Erfolgsquote (wenig Verweigerer), dadurch hohe Repräsentativität der Ergebnisse • Fragebogenumfang und -inhalt kaum eingeschränkt • Befragungstaktisches Instrumentarium (Frageformen und -reihenfolge) bestmöglich einsetzbar • Befragungssituation weitgehend kontrollierbar • Zusätzliche Informationen zur Spontanität oder zu emotionalen Reaktionen erhebbar	• Sehr kurzfristig einsetzbar • Geringere Kosten als bei mündlicher Befragung	• Relativ geringe Kosten • Schnelle Kontaktierung von Befragten per E-Mail bzw. Internetseite (Zeitvorteil) • Hohe Reichweite und Möglichkeit der Ansprache internationaler Zielgruppen • Automatische Erfassung der Daten

	Schriftliche Befragung	Mündliche Befragung	Telefonische Befragung	Online-Befragung
Nachteile	• Nur Personen erreichbar, deren Adresse bekannt ist • Rücklauf- und Erfolgsquoten von nur 5 bis 30 Prozent • Fragenumfang ist limitiert, tabuisierte Themenstellung wenig erfolgreich • Kein Kontakt während Ausfüllsituation, dadurch ggf. mangelnde Repräsentativität (Wer füllt aus?) • Keine Kontrolle der Reihenfolge der Fragebeantwortung sowie des situativen Umfelds und dessen Einfluss	• Hohe Kosten • Interviewer-Effekt: Verzerrungen durch Situation und Einfluss des Interviewers	• Durch Anonymität des Interviewers und fehlendem Sichtkontakt Einschränkung der Befragungsthemen und Einschränkung bei Verwendung von Hilfsmitteln (keine optischen Hilfen möglich)	• Rücklaufquoten ggf. gering • Oftmals unzureichende Informationen über die Grundgesamtheit • Repräsentativität ggf. eingeschränkt – Selbstselektion von Internetnutzern • Keine Kontrolle der Ausfüllsituation – Antwortverzerrung aufgrund von Anonymität der Befragten

Tipps & Tricks

- Bei der schriftlichen Befragung sollte im Vorfeld der Fragebogenzustellung mit den Testpersonen in Kontakt getreten werden, um die Untersuchung anzukündigen bzw. die Testpersonen nach ihrer Teilnahmebereitschaft vorzuselektieren. Dadurch wird das Bewusstsein für die Untersuchung geschärft und somit die Antwortquote erhöht.
- NEON (Network Online Research), eine Arbeitsgruppe des Berufsverband Deutscher Markt- und Sozialforscher e. V. (BVM), hat eine Anforderungsliste für die Auswahl und den Einsatz von Online-Umfrage-Software zusammengestellt (http://www.bvm.org). Diese Liste gibt einen guten Überblick über die Punkte, die bei der Anschaffung einer Online-Umfrage-Software ins Kalkül gezogen werden sollten. In der Publikation »Richtlinie für Online-Befragungen« finden sich des

Weiteren Hinweise zur Durchführung von Online-Befragungen (z. B. wissenschaftliche Vorgehensweise, Befragungen mittels E-Mail, Anonymisierung der erhobenen Daten).

- Da Probanden, die einen Fragebogen im Internet ausfüllen, im Vergleich zum Bevölkerungsdurchschnitt tendenziell eher jünger und technik-affiner sind, ist es sinnvoll, die Stichprobe durch Vergleiche mit anderen Studien bzw. über Experten zu validieren und gegebenenfalls zu gewichten.
- Bei persönlichen und telefonischen Befragungen sollten vom Interviewer auch »Kommentare zwischen den Zeilen«, oder Gründe für Befragungsverweigerungen möglichst als Zitate notiert werden. Diese sollten unbedingt in die Auswertung einbezogen werden.

3-2 g   Sampling-Plan erstellen

Der Prozessschritt »Sampling-Plan erstellen« befasst sich mit der Auswahl der Testpersonen für die Marketingforschungsuntersuchung. Zu beachten ist allerdings, dass man bereits bei der Auswahl der Erhebungsmethode, des Erhebungsinstrumentes und der Kontaktmethode eine grobe Vorstellung haben sollte, welche Merkmalsträger in die Untersuchung mit einbezogen werden, da das Auswahlverfahren und die Größe der Stichprobe einen bedeutenden Einfluss auf die Konstruktion des Erhebungsinstrumentariums haben können. Im Rahmen der Erstellung des Sampling-Plans sind die folgenden Entscheidungen zu treffen: 1) Definition der *Grundgesamtheit*; 2) Festlegung des *Auswahlverfahrens* und der *Stichprobengröße* (letztere gehen Hand in Hand). Im Folgenden werden die drei Entscheidungen näher erläutert:

1) Definition der Grundgesamtheit

Ausgangsbasis für den Sampling-Plan ist die Grundgesamtheit der Untersuchung, also die Menge aller potenziellen Merkmalsträger für die das Ergebnis der Untersuchung gültig sein soll (siehe Kapitel – Operationalisierung erstellen).

Die Grundgesamtheit orientiert sich am Untersuchungsziel und schließt alle Merkmalsträger ein, die zur Untersuchung der Problemstellung herangezogen werden könnten. Sollen beispielsweise Kunden nach ihrer Zufriedenheit befragt werden, ist es sinnvoll, nur Personen in die Untersuchung einzubeziehen, die das Produkt bereits gekauft haben, da nur diese Personen Aussagen zur Problemstellung treffen können.

Die Grundgesamtheit wird im Allgemeinen anhand demografischer (z. B. Alter, Geschlecht), geografischer (z. B. PLZ-Gebiet, Land), psychografischer

(z. B. Einstellung, Meinung) oder verhaltensorientierter Merkmale (z. B. Kaufverhalten) definiert, wobei meistens eine Kombination aus mehreren Kriterien herangezogen wird (vgl. Dannenberg, Barthel 2004). Die Grundgesamtheit muss präzise definiert werden, da sich die zu erhebenden Informationen nicht allgemein auf Personen beziehen sollen, sondern ausschließlich auf eine Zielgruppe, die für das Untersuchungsproblem relevant ist.

Beispiel für Grundgesamtheit

Untersuchungsziel: Die Audi AG möchte messen, wie zufrieden deutsche Audi A4 Kunden mit ihrem Fahrzeug sind.

Grundgesamtheit: Alle aktuellen A4-Besiter in Deutschland über 18 Jahre.

Berücksichtigt man, dass die Grundgesamtheit für ein Untersuchungsproblem in vielen Fällen sehr umfangreich sein kann (siehe obiges Beispiel), stellt sich die Frage, ob es aus wirtschaftlichen, organisatorischen, zeitlichen oder technischen Gründen zweckmäßig ist, eine so genannte Vollerhebung durchzuführen (vgl. Hammann, Erichson 2006). Eine Untersuchung wird als Vollerhebung (Zensus) bezeichnet, wenn alle für die Untersuchung relevanten Merkmalsträger mit einbezogen werden. Vollerhebungen werden lediglich bei kleinen Grundgesamtheiten oder für amtliche Statistiken (z. B. Volkszählung) verwendet. Da Vollerhebungen für die Marketingforschung aufgrund Ressourcenknappheit in der Regel nicht sinnvoll sind, werden fast ausschließlich Teilerhebungen durchgeführt. Im Rahmen von Teilerhebungen wird nur eine Stichprobe der Grundgesamtheit untersucht, die Rückschlüsse auf die Grundgesamtheit zulassen soll (Repräsentationsrückschluss). Ein solcher Rückschluss ist nur dann gerechtfertigt und vermag gesicherte Erkenntnisse zu liefern, wenn die Teilmenge (Stichprobe) hinsichtlich der Untersuchungsmerkmale ein verkleinertes, wirklichkeitsgetreues Abbild der Grundgesamtheit darstellt, das heißt den Anspruch der Repräsentativität erfüllt (vgl. Meffert 2000). Umgangssprachlich spricht man auch von einer Hochrechnung oder einer Verallgemeinerung.

2) Festlegung des Auswahlverfahrens und der Stichprobengröße

Damit eine Stichprobe als repräsentativ angesehen werden kann, wird in diesem Schritt des Marketingforschungsprozesses ein so genannter Sampling-Plan (Stichprobenplan) erstellt, der genau festlegt, welche Merkmalsträger aus der Grundgesamtheit ausgewählt werden müssen, damit ein Repräsentationsrückschluss möglich ist. Der Sampling-Plan stellt eine bindende Richtlinie für das Untersuchungsteam dar und basiert auf speziellen Auswahlverfahren, welche die Repräsentativität sicherstellen sollen. Trotz dieser Auswahlverfahren ist der Rückschluss von der Stichprobe auf die Grundgesamtheit mit Fehlern behaftet, da die Stichprobe lediglich einen Schätzwert für die Grundgesamtheit darstellt. Man unterscheidet systematische Fehler und Zufallsfehler.

Bei den systematischen Fehlern handelt es sich um Non-Response- (z. B. Antwortverweigerungen, Testpersonen nicht erreichbar) oder Erfassungsfehler (z. B. Fehler im Auswahlverfahren, Verzerrung durch Interviewer, Auswertungsfehler), die durch eine sorgfältige Konzeption der Untersuchung vermieden werden können. Zufallsfehler sind solche Fehler, die in statistischen Massen auftreten und nach den Gesetzen der Wahrscheinlichkeit um einen »wahren Wert« streuen, so dass sie sich per Saldo ausgleichen (vgl. Koch 2004). Sie können nicht vermieden, sondern nur durch eine Vergrößerung der Stichprobe verkleinert werden. Dies lässt sich dadurch erklären, dass sich die bei der Erfassung der einzelnen Merkmalsträger gemachten Fehler mit wachsender Zahl der Probanden tendenziell ausgleichen (vgl. Hammann, Erichson 2006).

In folgender Abbildung sind die wesentlichsten Auswahlverfahren dargestellt, welche die Repräsentativität der Untersuchungsergebnisse bei einer Teilerhebung sicherstellen sollen.

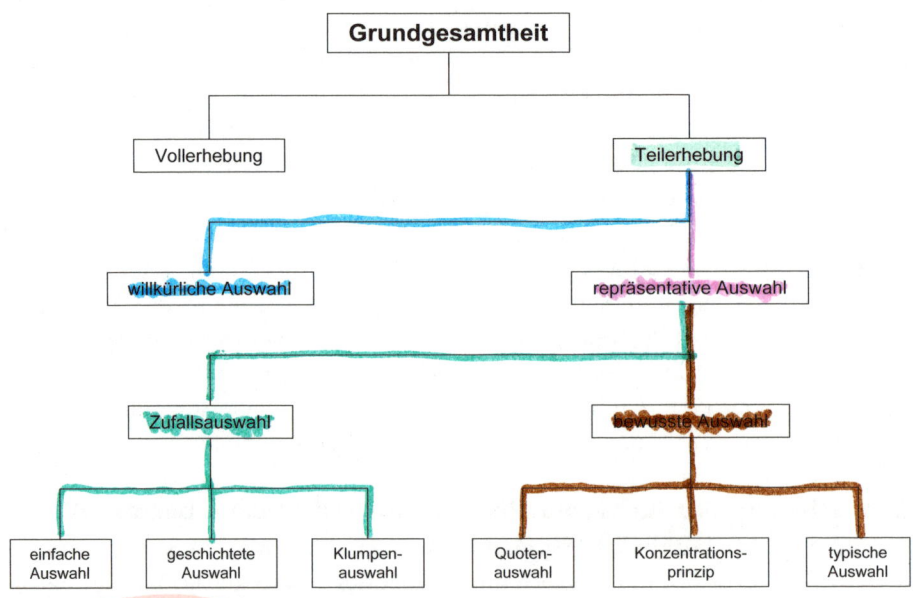

Abb. 11: Auswahlverfahren (vgl. Berekoven et al. 2006)

Teilerhebungen können auf Basis einer willkürlichen oder repräsentativen Stichprobenauswahl durchgeführt werden. Während das Ziel der repräsentativen Auswahlverfahren bereits eingehend erläutert wurde, ist hier noch die willkürliche Auswahl (Auswahl aufs Geratewohl) zu erwähnen, die nur in seltenen Fällen sinnvoll ist (z. B. qualitative Experteninterviews) und keine Anforderungen an die Auswahl der Testpersonen stellt. Die willkürliche

Auswahl ist für die Generierung von repräsentativen Ergebnissen unter keinen Umständen geeignet (vgl. Weis, Steinmetz 2005).

In der Regel erfolgt eine repräsentative Auswahl der Merkmalsträger durch eine Zufallsauswahl oder eine bewusste Auswahl. Die wesentlichen Auswahlverfahren der bewussten und der Zufallsauswahl sollen nun näher erläutert werden.

Bewusste Auswahl

Bei den Verfahren der bewussten Auswahl wird die Repräsentativität der Stichprobe gesichert, indem die Auswahl der Merkmalsträger gezielt und überlegt nach sachrelevanten Merkmalen erfolgt (vgl. Berekoven et al. 2006). Man unterscheidet die Quotenauswahl, die Auswahl nach dem Konzentrationsprinzip und die typische Auswahl.

Quotenauswahl

Bei der Quotenauswahl (quota sampling) wird für bestimmte Merkmale in der Stichprobe die Struktur der Grundgesamtheit kopiert (vgl. Weis, Steinmetz 2005). Diese Quotenmerkmale sollten für die Interviewer leicht feststellbar sein (z.B. soziodemografische Merkmale), sodass es ihnen möglich ist, anhand von so genannten Quotenanweisungen eine genau festgelegte Stichprobe zusammenzustellen. Die Quotenanweisung legt fest, wie viele Personen mit einer bestimmten Merkmalskombination untersucht werden müssen (z.B. 15 Männer zwischen 30 und 40 Jahren aus Bayern). Um die Quoten definieren zu können, muss die Verteilung der Merkmale in der Grundgesamtheit hinlänglich bekannt sein (z.B. amtliche Statistiken) (vgl. Berekoven et al. 2006). Da der Interviewer bei der Auswahl der Merkmalsträger weitgehend frei ist, können Beeinflussungseffekte durch den Interviewer auftreten (z.B. subjektive Auswahl der Probanden, Interviewer wählt leicht zu erreichende Personen). Aufgrund der schnellen und kostengünstigen Durchführung ist die Quotenauswahl in der Praxis sehr verbreitet (vgl. Weis, Steinmetz 2005).

Beispiel für Quotenauswahl

Ist bekannt, dass sich die Grundgesamtheit aus 32 % Frauen und 68 % Männer zusammensetzt, von denen jeweils 60 % kleiner gleich 40 Jahre, 25 % 41–60 Jahre und 15 % über 60 Jahre alt sind, dann würde für eine Stichprobe mit 100 Personen folgende Quotenanweisung gelten:

	Bis 40 Jahre	41–60 Jahre	über 60 Jahre	Gesamt
Männlich	41	17	10	68
Weiblich	19	8	5	32
Gesamt	60	25	15	100

Konzentrationsverfahren

Das Konzentrationsverfahren (cut-off method) beschränkt sich bei der Auswahl der Merkmalsträger auf solche Elemente der Grundgesamtheit, denen für den Untersuchungstatbestand ein besonderes Gewicht zukommt (vgl. Berekoven et al. 2006). Es sollte nur zum Einsatz kommen, wenn in der Grundgesamtheit ein starkes Ungleichgewicht besteht. Da somit lediglich ein Teil der Grundgesamtheit untersucht wird, können keine Rückschlüsse über den anderen Teil gezogen werden, d. h. die Stichprobe ist nur für einen Teil der Grundgesamtheit als repräsentativ anzusehen.

Beispiel für Konzentrationsverfahren

Das Kaufverhalten von Konsumenten in Lebensmitteldiscount-Geschäften soll untersucht werden. Da wenige große Discounter wie z.B. Aldi und Lidl einen Großteil des Umsatzes ausmachen, werden nur die beiden großen Ketten in die Untersuchung miteinbezogen. Eine Ausweitung auf weitere Discounter wäre zeitaufwendig und würde unter Umständen zu hohe Kosten verursachen.

Typische Auswahl

Bei der typischen Auswahl (purpursive sampling) werden nach freiem Ermessen Merkmalsträger, die als besonders charakteristisch und typisch erachtet werden, aus der Grundgesamtheit ausgewählt. Die Einschätzung, welche Testpersonen für die Grundgesamtheit repräsentativ sind und inwieweit verallgemeinerte Aussagen für die Grundgesamtheit getroffen werden können, obliegt dem Untersuchungsleiter bzw. dem Interviewer (vgl. Berekoven et al. 2006). Die typische Auswahl wird zwar zu den repräsentativen Auswahlverfahren hinzugerechnet, kann jedoch nicht als repräsentativ angesehen werden, weil die Auswahl der Probanden auf subjektiven Einschätzungen beruht (vgl. Weis, Steinmetz 2005). Man geht jedoch davon aus, dass Tendenzen interpretierbar sind.

Für den Umfang einer Stichprobe gibt es bei den bewussten Auswahlverfahren keine Standardempfehlung. Um jedoch (valide) Repräsentationsrückschlüsse von einer Stichprobe auf die Grundgesamtheit ziehen zu können, muss für die Verteilung der Stichprobenkennwerte (Parameter) eine Standardnormalverteilung angenommen werden können. Dies ist üblicherweise immer dann der Fall, wenn der Stichprobenumfang eine gewisse Größe annimmt, und zwar mindestens 30 Fälle (n > 30) (vgl. Koch 20049. Des Weiteren beeinflussen die Erhebungsmethode, das Erhebungsinstrument, die Kontaktmethode, die Größe der Grundgesamtheit und das Auswertungskonzept den Stichprobenumfang.

Zufallsauswahl

Bei der Zufallsauswahl (random sampling) wird die Auswahl der Merkmalsträger über einen Zufallsprozess gesteuert und somit eine subjektive Beeinflussung durch den Untersuchungsleiter oder die Interviewer ausgeschlossen (vgl. Hammann, Erichson 2006). Bei den zufallsorientierten Verfahren hat grundsätzlich jedes Element der Grundgesamtheit dieselbe (bzw. eine berechenbare) Chance, in die Stichprobe aufgenommen zu werden (Urnenmodell) (vgl. Koch 2004). Zudem ergibt sich die Möglichkeit, den Zufallsfehler im Gegensatz zur bewussten Auswahl mathematisch zu berechnen und Repräsentativitätsrückschlüsse innerhalb gewisser Fehlergrenzen und mit bestimmten Wahrscheinlichkeiten zu ziehen. Im Vergleich zur bewussten Auswahl muss bei der Zufallsauswahl ein höherer Zeit- und Kostenaufwand eingeplant werden, weil die Stichprobe größer sein muss. Bei den zufallsorientierten Auswahlverfahren wird zwischen der einfachen, der geschichteten und der Klumpenauswahl unterschieden.

Die einfache Zufallsauswahl

Die einfache Zufallsauswahl ist das am häufigsten eingesetzte Verfahren der Zufallsauswahl. Neben dem Vorteil, dass im Gegensatz zur bewussten Auswahl die Struktur der Grundgesamtheit nicht bekannt sein muss, ist es eine Voraussetzung für dieses Verfahren, dass die Grundgesamtheit (zumindest symbolisch) vollständig vorliegt (z. B. als Kartei) und so vermischt ist, dass die gleiche Auswahlchance der einzelnen Merkmalsträger nicht beeinträchtigt wird (vgl. Berekoven et al. 2006). Auf Basis dieser Prämissen kann man aus den Messwerten (z. B. Mittelwerten), die im Rahmen einer Stichprobenziehung erhoben wurden, innerhalb gewisser Fehlergrenzen Verallgemeinerungen für die Grundgesamtheit ableiten. Zu beachten ist, dass die Erfüllung beider Voraussetzungen speziell bei umfangreichen Grundgesamtheiten sehr zeitaufwendig und umständlich ist.

In der Praxis wird auf folgende Auswahltechniken zurückgegriffen (vgl. Berekoven et al. 2006):

- **Systematische Auswahl**
  Soll aus einer Grundgesamtheit mit 100 000 Merkmalsträgern (N) eine Stichprobe von 1000 Testpersonen (n) entnommen werden, wird zunächst innerhalb der ersten 100 Elemente ($\frac{N}{n}$) per Zufall ein Startpunkt festgelegt und von diesem Startpunkt ausgehend, jeder weitere 100ste ($\frac{N}{n}$) Merkmalsträger einbezogen.

- **Schlussziffernauswahl**
  Es werden nur Merkmalsträger in die Stichprobe einbezogen, die in einer durchnummerierten Liste der Merkmalsträger eine bestimmte Endziffer aufweisen (z. B. alle Elemente mit der Endziffer »6« wie 6, 16, 26, 36, 46 . . .).
- **Geburtstags- oder Buchstabenauswahl**
  Die Probanden werden anhand ihres Geburtsdatums oder anhand des Anfangsbuchstabens der Nach- oder Vornamen ausgewählt (z. B. alle Personen, die am 06. April geboren sind; alle Personen, deren Nachname mit »M« beginnt).
- **Auswahl mittels Zufallszahlen**
  Jedem Element der Grundgesamtheit wird eine fortlaufende Nummer zugewiesen. Danach wird durch ein Zufallsverfahren (z. B. per Zufallsgenerator) eine Zufallszahlentabelle generiert, die festlegt, welche Merkmalsträger in die Untersuchung einbezogen werden.

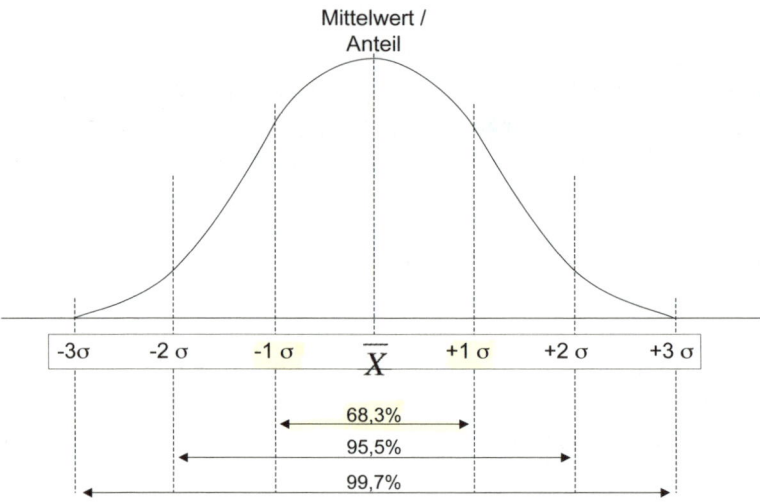

Abb. 12: Normalverteilung

Damit ein Repräsentationsrückschluss von der Stichprobe auf die Grundgesamtheit möglich ist, müssen die erhobenen Stichprobenkennwerte einer Normalverteilung folgen (siehe Abbildung 12). Dies ist der Fall, wenn man aus einer Grundgesamtheit sehr viele gleich große Stichproben zieht und für jede Stichprobe den Mittelwert eines Merkmals errechnet – spätestens nach ca. 30 Stichproben (n > 30) stellt sich eine Normalverteilung der Stichprobenmittelwerte ein. Da die Mittelwerte der einzelnen Stichproben um den wahren Mittelwert der Grundgesamtheit streuen, kann angenommen werden, dass das Mittel aller Stichprobenmittelwerte dem arithmetischen Mittel der Grundgesamtheit sehr nahe kommt. Allerdings kann aufgrund des Zufallsfehlers, der bei Stichprobenziehungen auftritt, nur angegeben werden, mit welcher Wahrscheinlichkeit (Vertrauenswahrscheinlichkeit oder Signifikanzniveau) der wahre Wert der Grundgesamtheit in einen bestimmten Wertebereich (Vertrauensbereich, Konfidenzintervall, Stichprobenfehler) fällt. Lediglich bei einer Normalverteilung der Stichprobenkennwerte kann errechnet werden, wie viel Prozent aller Messwerte links und rechts des Mittelwertes liegen und somit, mit welcher Wahrscheinlichkeit ein bestimmter Wert in einen festgelegten Wertebereich fällt (vgl. Koch 2004).

Beispiel

Ein Unternehmen möchte mehr über seine Kunden erfahren, um in Zukunft noch stärker auf deren Bedürfnisse eingehen zu können. Es soll erhoben werden, wie hoch das durchschnittliche Einkommen der Kunden ist und wie viele der Kunden verheiratet sind. Die Grundgesamtheit setzt sich aus allen Kunden des Unternehmens zusammen. Da aufgrund des großen Kundenstamms eine Vollerhebung zu aufwendig wäre, hat sich das Unternehmen für eine Teilerhebung auf Basis einer einfachen Zufallsauswahl entschieden.

Die interne Marketingforschungsabteilung findet also über eine Stichprobe heraus, dass das durchschnittliche Einkommen der Kunden 2483 € beträgt und 68 % der Kunden verheiratet sind. Können diese Werte auch so für die Grundgesamtheit angenommen werden?

Aufgrund des Zufallsfehlers, der bei Stichprobenerhebungen auftritt, können die wahren Werte für die Grundgesamtheit nur über Schätzungen festgelegt werden. Ein beispielhaftes Ergebnis aus dieser Schätzung könnte sein, dass das durchschnittliche Einkommen der Kunden mit einer 68,3 %igen Wahrscheinlichkeit (Vertrauenswahrscheinlichkeit) zwischen 2462 und 2504 € (Vertrauensbereich für das Merkmal »Einkommen«) liegt und dass mit einer 68,3 %igen Wahrscheinlichkeit zwischen 65 und 71 % der Kunden (Vertrauensbereich für das Merkmal »Familienstand«) verheiratet sind.

Die Streuung der Stichprobenmittelwerte um den wahren Wert der Grundgesamtheit wird mit der Varianz (σ^2) bzw. der Standardabweichung (σ) gemessen. Die Standardabweichung stellt die mittlere Abweichung vom Stichprobenmittelwert dar. Sie wird in der Einheit des Merkmals ausgedrückt (z. B. Lebensjahre für das Merkmal Alter), definiert den Vertrauensbereich (Konfidenzintervall) um den Stichprobenmittelwert und legt somit die Wahrscheinlichkeit (Vertrauenswahrscheinlichkeit) fest, mit welcher der wahre Wert der Grundgesamtheit in den Vertrauensbereich fällt (siehe Abbildung 12). Eine Standardabweichung des Merkmals Alter von »3 Jahren« ($\sigma = 3$) bedeutet beispielsweise, dass das wahre Durchschnittsalter der Grundgesamtheit mit einer Wahrscheinlichkeit von 68,3 % in dem Vertrauensbereich von ±3 Jahren um den Stichprobenmittelwert angesiedelt ist. Da es für die Marketingforschung nicht ausreichend ist, eine Aussage zu treffen, die nur für $\frac{2}{3}$ (68,3 %) der theoretisch denkbaren Fälle in Frage kommt, wird der Vertrauensbereich erweitert, indem die Standardabweichung mit einem so genannten Sicherheitsfaktor multipliziert wird (vgl. Berekoven et al. 2006). Dadurch steigt zum einen die Vertrauenswahrscheinlichkeit und zum anderen vergrößert sich der Vertrauensbereich. Um eine Vertrauens- wahrscheinlichkeit von 99,7 % zu erhalten, d. h. mit einer 99,7 %igen Wahr- scheinlichkeit sagen zu können, dass der wahre Wert der Grundgesamtheit in einen bestimmten Vertrauensbereich fällt, muss die Standardabweichung beispielsweise mit dem Sicherheitsfaktor 3 multipliziert werden. Durch die Multiplikation mit dem Sicherheitsfaktor wird der Vertrauensbereich um das Dreifache der Standardabweichung erweitert und beträgt somit für obiges Beispiel ±9 Jahre um den Stichprobenmittelwert. Die Breite des Vertrauens- bereichs wird Stichprobenfehler oder Konfidenzintervall genannt. Folgende Tabelle stellt den Zusammenhang zwischen Sicherheitsfaktor und Vertrauens- wahrscheinlichkeit dar.

Tabelle 8: Zusammenhang Sicherheitsfaktor – Vertrauensbereich – Vertrauenswahrschein- lichkeit

Sicherheitsfaktor	Vertrauensbereich/ Konfidenzintervall	Vertrauens- wahrscheinlichkeit
0,67	Stichprobenmittelwert ± 0,67 σ	50,0 %
1,00	Stichprobenmittelwert ± 1,00 σ	68,3 %
1,64	Stichprobenmittelwert ± 1,64 σ	90,0 %
1,96	Stichprobenmittelwert ± 1,96 σ	95,0 %
2,00	Stichprobenmittelwert ± 2,00 σ	95,5 %
2,58	Stichprobenmittelwert ± 2,58 σ	99,0 %
3,00	Stichprobenmittelwert ± 3,00 σ	99,7 %
3,29	Stichprobenmittelwert ± 3,29 σ	99,9 %

Die Irrtumswahrscheinlichkeit ist das Gegenstück zur Vertrauenswahrschein- lichkeit und gibt an, mit welcher Wahrscheinlichkeit der wahre Wert der Grundgesamtheit nicht im Vertrauensbereich liegt.

Beispiel

Die Standardabweichung in obigem Beispiel beträgt für das durchschnitt- liche Einkommen 21 € (2483 € ± 21 €), d. h. der wahre Wert der Grundgesamt- heit ist in dem Vertrauensbereich von 2462 € bis 2504 € um den Mittelwert von 2483 €, angesiedelt. Wird der Vertrauensbereich wie soeben auf Basis **einer** Standardabweichung definiert, bedeutet dies, dass der wahre Wert der Grundgesamtheit mit einer 68,3 %igen Wahrscheinlichkeit in diesem Vertrau- ensbereich liegt. Um die Sicherheit der Aussage über die Grundgesamtheit zu erhöhen, wird der Vertrauensbereich um den Sicherheitsfaktor 3,29 erweitert (siehe Tabelle 8). Nun kann die Aussage getroffen werden, dass das wahre durchschnittliche Einkommen der Grundgesamtheit mit einer 99,9 %igen Vertrauenswahrscheinlichkeit in den Vertrauensbereich von 2414 bis 2552 € fällt. Die Irrtumswahrscheinlichkeit, dass das wahre durchschnittliche Einkommen doch nicht in diesen Vertrauensbereich fällt, beträgt somit nur noch 0,1 %.

In der Marketingforschung wird versucht, ein möglichst genaues Schätzergebnis von der Stichprobe auf die Grundgesamtheit zu erzielen. Betrachtet man jedoch die Größen Vertrauensbereich (Stichprobenfehler) und Vertrauenswahrscheinlichkeit genauer, dann erkennt man, dass sie sich konträr verhalten. Erhöht man die Vertrauenswahrscheinlichkeit, erweitert sich automatisch der korrespondierende Stichprobenfehler, d. h. die Qualität der Schätzung bleibt am Ende gleich. Nur durch eine Vergrößerung des Stichprobenumfangs können beide Größen verbessert werden (vgl. Hammann, Erichson 2006). Es gilt also, je größer der Umfang einer Stichprobe, desto genauer kann der wahre Wert einer Grundgesamtheit auf Basis einer Stichprobe geschätzt werden. Allerdings nimmt die Güte der Stichprobe nicht proportional zu. Eine Vervierfachung der Stichprobe bedeutet beispielsweise nur eine Verdoppelung der Güte der Stichprobe, wie im Beispiel zum homograden Fall gezeigt wird (vgl. Berekoven et al. 2006). Deshalb legt man in der Marketingforschungspraxis im Vorfeld der Stichprobenziehung die Qualität des Stichprobenergebnisses über den zulässigen Stichprobenfehler und die Vertrauenswahrscheinlichkeit fest und bestimmt auf dieser Basis den optimalen Umfang der Stichprobe. Man unterscheidet den heterograden und den homograden Fall (vgl. Hammann, Erichson 2006):

Heterograder Fall

Die Untersuchungsmerkmale sind quantitativ (z. B. Einkommen, Alter, Körpergröße) und sollen auf ihren Mittelwert hin untersucht werden. Die Formel für die Berechnung des Stichprobenumfangs für quantitative Merkmale lautet:

$$n \geq \frac{t^2 \cdot \sigma^2}{e^2}$$

mit: n: Stichprobenumfang
       t: Sicherheitsfaktor
       σ^2: Varianz
       e: größter zulässiger Fehler (Stichprobenfehler)

Beispiel zum heterograden Fall

Es soll berechnet werden, welcher Stichprobenumfang nötig ist, um das durchschnittliche Einkommen der Kunden in der Grundgesamtheit zu schätzen. Der Stichprobenfehler soll bei einer Vertrauenswahrscheinlichkeit von 95 % (≈ Sicherheitsfaktor von 1,96) nicht größer als ±40 € sein. In einer

Voruntersuchung wurde die Standardabweichung für das Merkmal »Einkommen« mit $\sigma = 240\,€$ ermittelt.

$$n \geq \frac{t^2 \cdot \sigma^2}{e^2} \geq \frac{1{,}96^2 \cdot 240^2}{40^2} \geq \frac{221\,276{,}16}{1600} \geq 138$$

Der Stichprobe sollte mindestens 138 Merkmalsträger umfassen, um mit einer 95 %igen Wahrscheinlichkeit auf das durchschnittliche Einkommen aller Kunden ±40 € schließen zu können.

Während der Sicherheitsfaktor über die gewünschte Vertrauenswahrscheinlichkeit hergeleitet wird und der Stichprobenfehler vom Untersuchungsteam aus Erfahrungswerten geschätzt wird, ist die Varianz in der Regel nicht bekannt. Sie muss entweder in einem Pre-Test geschätzt oder vom Untersuchungsteam bestimmt werden.

In der Praxis tritt der qualitative Fall seltener auf, stattdessen werden überwiegend Anteilswerte/Prozentwerte (qualitative Merkmale → homograder Fall) erhoben (vgl. Koch 2004).

Homograder Fall
Die Untersuchungsmerkmale sind qualitativ (z. B. Geschlecht, Familienstand, Beruf) und sollen auf relative Häufigkeiten (Anteile) hin untersucht werden. Die Formel zur Errechnung des Stichprobenumfangs für qualitative Merkmale lautet wie folgt (vgl. Koch 2004):

$$n \geq \frac{t^2 \cdot p \cdot q}{e^2}$$

mit: *n*: Stichprobenumfang
   t: Sicherheitsfaktor
   p: Anteil der Merkmalsträger in der Stichprobe, welche die gesuchte Merkmalsausprägung aufweisen.
   q: Anteil der Merkmalsträger in der Stichprobe, welche die gesuchte Merkmalsausprägung nicht aufweisen.
   e: größter zulässiger Fehler (Stichprobenfehler)

Wurden »q« und »p« nicht bereits im Vorfeld über einen Pre-Test erhoben, ist es üblich, den ungünstigsten Fall anzusetzen, nämlich jeweils 50 % (p = 50; q = 50). Für die Festlegung von »t« und »e« können die Überlegungen für den heterograden Fall übernommen werden.

Beispiel zum homograden Fall

Es soll berechnet werden, welcher Stichprobenumfang nötig ist, um den Anteil der verheirateten Kunden in der Grundgesamtheit zu schätzen. Der Stichprobenfehler soll bei einer Vertrauenswahrscheinlichkeit von 99 % ($\approx$ Sicherheitsfaktor von 2,58) nicht größer als ±8 % sein.

$$n \geq \frac{t^2 \cdot p \cdot q}{e^2} \geq \frac{2,58^2 \cdot 50 \cdot 50}{8^2} \geq \frac{16\,641}{64} \geq 260$$

Die Stichprobe müsste mindestens 260 Merkmalsträger umfassen, um den Anforderungen zu genügen. Wird der Stichprobenfehler von ±8 % auf ±4 % verkleinert, was zu einer Qualitätssteigerung der Schätzung führen würde, müsste die Stichprobe von 260 auf 1040 Testpersonen vergrößert werden.

$$n \geq \frac{t^2 \cdot p \cdot q}{e^2} \geq \frac{2,58^2 \cdot 50 \cdot 50}{4^2} \geq \frac{16\,641}{16} \geq 1040$$

Es lässt sich erkennen, dass die Güte einer Stichprobe nicht von der Relation Stichprobe/Grundgesamtheit abhängt, sondern vom absoluten Umfang der Stichprobe. Obwohl die oben beschriebene Berechnung des Stichprobenumfangs nur für zufallsorientierte Stichprobenverfahren zutrifft, wird dieses Berechnungsverfahren in der Praxis oft sinngemäß auf die Stichprobenumfangsberechnung bei der Quotenauswahl übertragen (vgl. Koch 2004).

Die geschichtete Zufallsauswahl

Die geschichtete Zufallsauswahl (stratified sampling) wird verwendet, wenn die Grundgesamtheit anhand der zu untersuchenden Merkmale (z. B. Alter, Geschlecht) in unterschiedliche homogene Teilgruppen (Schichten) zerlegt werden kann (vgl. Hammann, Erichson 2006). Diese Teilgruppen werden anschließend als separate Grundgesamtheiten betrachtet, aus denen unabhängige Stichproben im Stil der einfachen Zufallsauswahl gezogen werden. Die Schichtenbildung bewirkt, dass der Stichprobenfehler im Vergleich zur reinen Zufallsauswahl in den einzelnen Schichten in der Regel kleiner ist (vgl. Weis, Steinmetz 2005). Proportional geschichtete Stichproben werden gebildet, indem bei der Stichprobenziehung jede Schicht im gleichen Verhältnis wie in der Grundgesamtheit vertreten ist. Bei disproportional geschichteten Stichproben werden Schichten die lediglich einen kleinen Teil der Grundgesamtheit repräsentieren, aber für das Ergebnis wichtig sind, stärker gewichtet.

Beispiel zur proportional geschichteten Zufallsauswahl

Das in den bisherigen Beispielen erwähnte Unternehmen stellt anhand der Kundendaten fest, dass 20 % der Kunden aus Baden Württemberg, 10 % aus Hessen, 40 % aus Thüringen und 30 % aus Bayern stammen. Würde das Unternehmen nun eine Stichprobe der Kunden ziehen, dann hätte jedes

Element der Grundgesamtheit die gleiche Chance in die Stichprobe aufgenommen zu werden. Da jedoch 40 % der Kunden aus Thüringen stammen
würden diese Kunden wahrscheinlich unterrepräsentiert und andere Regio-
nen überrepräsentiert werden. Abhilfe schafft die geschichtete Zufallsauswahl. Die Gesamtstichprobe von beispielsweise 1000 Testpersonen wird
aufgeteilt, sodass eine Stichprobe mit 400 Probanden in Hessen, eine mit
300 Testpersonen in Bayern usw. gezogen wird.

Klumpenauswahl

Bei der Klumpenauswahl werden die Merkmalsträger für die Stichprobenziehung nicht einzeln betrachtet, sondern als so genannte Klumpen. Dies ist von
Vorteil, wenn die Grundgesamtheit bereits in feste Bereiche gegliedert oder
eine Klumpenbildung leicht möglich ist (vgl. Weis, Steinmetz 2005). Klumpen wie z.B. Vereine, Haushalte, Unternehmen werden komplett untersucht,
d.h. alle Merkmalsträger eines Klumpens sind Teil der Untersuchung. Das
Klumpenverfahren wird besonders bei großen Grundgesamtheiten häufig
angewendet, da der Erhebungsaufwand im Vergleich zur einfachen Zufallsauswahl geringer ist. Die Einbeziehung der Testpersonen in die Untersuchung
ist mit geringerem Aufwand verbunden, weil sie räumlich leichter auffindbar
sind (z.B. Stadt). Allerdings kann oftmals ein Klumpeneffekt (homogenes
Antwortverhalten der Merkmalsträger in den Klumpen und somit höherer
Stichprobenfehler) beobachtet werden (vgl. Hammann, Erichson 2006).
Welche Klumpen letztendlich in die Untersuchung mit einbezogen werden,
entscheidet die Zufallsauswahl.

Tipps & Tricks

- Für die Stichprobengröße bei der Quotenauswahl gilt ein Minimum von
  30 Testpersonen. Die Obergrenze kann sinngemäß aus der Berechnung
  des Stichprobenumfangs für zufallsorientierte Stichprobenverfahren
  abgeleitet werden.
- Es ist grundsätzlich zu beachten, dass der Stichprobenfehler nur bei den
  zufallsorientierten Auswahlverfahren errechnet werden kann.
- In der Praxis sind in den seltensten Fällen Werte für »p« und »q«
  (homograder Fall) aus Pilotstudien verfügbar. Deshalb wird für die
  Parameter der ungünstigste Fall (jeweils 50 %) angenommen.
- Bei schriftlichen Befragungen sollte aufgrund der hohen Ausfallquote
  (Testperson verweigert Teilnahme oder ist nicht verfügbar) die drei- bis
  vierfache Anzahl an Personen angeschrieben werden, als ursprünglich
  durch das Stichprobenverfahren festgelegt.

3-2 h Daten erheben

Da nun die wichtigsten Schritte zur Durchführung einer Primäruntersuchung durchlaufen wurden, kann mit der eigentlichen Erhebung der Daten begonnen werden. In der Datengewinnungsphase werden nicht nur die höchsten Kosten generiert, sondern treten auch die meisten Probleme auf (vgl. Kotler et al. 2007):

- Die Probanden sind nicht anzutreffen und müssen deshalb erneut kontaktiert werden oder durch andere Testpersonen ersetzt werden.
- Die Probanden verweigern die Auskunft oder geben bewusst falsche Antworten.
- Die Probanden haben Vorurteile gegenüber dem Untersuchungsinstrument oder der Thematik der Untersuchung.
- Der Interviewer ist voreingenommen (z. B. suggestives Fragen) oder unehrlich (z. B. Selbstausfüllung durch den Interviewer bzw. Befragung von Bekannten).

Diesen Problemen kann nur entgegengewirkt werden, indem man bei der Konstruktion des Erhebungsinstrumentariums sehr sorgfältig vorgeht und dadurch systematische Fehler soweit wie möglich ausschließt. Des Weiteren können durch eine ausgiebige Interviewerschulung Fehler auf Seiten des Marketingforschungsteams vermieden werden. Zumindest sollte eine klare Anweisung für die Interviewer formuliert werden, damit eine einheitliche und korrekte Vorgehensweise gewährleistet ist. Typische Anweisungen für Interviewer sind (vgl. Kamenz 2001):

- Der Interviewer sollte sich offiziell ausweisen.
- Nur fremde Personen sollen interviewt werden.
- Der Interviewer sollte für eine entspannte und positive Gesprächsatmosphäre sorgen.
- Standardisierte Untersuchungsfragen sollten Wort für Wort vorgelesen werden.
- Der Interviewer muss die Fragenreihenfolge bei standardisierten Untersuchungen einhalten.
- Der Interviewer sollte dem Probanden ausreichend Antwortzeit gewähren und ihn aussprechen lassen.
- Die Antworten sowie andere themenbezogene Kommentare müssen exakt und wörtlich protokolliert werden.
- Der Interviewer muss die Vollständigkeit und Gültigkeit der Antworten überprüfen (z. B. wurden alle Fragen beantwortet, gibt es widersprüchliche Antworten).
- Der Sampling-Plan und Codeplan für die Auswertung muss exakt eingehalten werden.

Bereits während der Erhebungsphase sollte regelmäßig die Zielerreichung des Sampling-Plans überprüft werden, da ansonsten kostenintensive Nacherhebungen von Nöten sind. Werden aufgrund der oben erwähnten Probleme die Sampling-Plan Vorgaben nicht genau erfüllt, müssen Probanden, die nicht untersucht werden konnten, durch gleichwertige Testpersonen ersetzt werden. Handelt es sich um Untersuchungen, die auf Endkunden (Konsumenten) gerichtet sind, stellt dies meistens kein Problem dar, da die Grundgesamtheit in der Regel groß genug ist. Schwieriger kann es werden, wenn Geschäftsleute, Unternehmen, öffentliche Institutionen etc. im Fokus einer Untersuchung stehen, da es meist nur eine begrenzte Anzahl an Testeinheiten mit bestimmten Merkmalen gibt (z. B. Universitätskliniken, Gemeinden > 1 Mio. Einwohner).

Tipps & Tricks

- Der Zeitraum für die Erhebungsphase sollte anhand der Anzahl der Interviews und der durchschnittlichen Dauer eines Interviews im Vorfeld sorgfältig abgeschätzt werden. Für die Erhebungsphase ist genügend Zeit einzuplanen.
- Um die Testpersonen zur Teilnahme an der Untersuchung zu motivieren und die Vorgaben des Sampling-Plans zu erfüllen, werden in der Praxis häufig Incentives eingesetzt. Bei Konsumentenbefragungen sind dies beispielsweise Gewinnspiele, bei der Befragung von Geschäftsleuten, Unternehmen und öffentlichen Institutionen Auszüge aus den Studienergebnissen.

4 Erhobene Daten analysieren und interpretieren

Nach Abschluss der Datenerhebungsphase sieht man sich mit einer großen Menge von Daten und Informationen konfrontiert, die in ihrer Rohform nur bedingt verwendbar sind. Um aus der Flut der Daten konkrete Aussagen und Lösungshinweise für das Untersuchungsproblem ableiten zu können, muss das gesammelte Datenmaterial aufbereitet und analysiert werden. Dies erfolgt heutzutage fast ausschließlich mit Hilfe von statistischen Analyseprogrammen, die den Umgang mit großen Datenmengen erleichtern und bei der Anwendung von statistischen Auswertungsmethoden Hilfestellung bieten. Durch den Einsatz von computergestützten Datenerhebungsmethoden (z. B. Online-Befragung) entfällt darüber hinaus der manuelle Eingabeaufwand der Daten in das Analyseprogramm und somit auch die Gefahr von Eingabefehlern, die das Ergebnis verzerren würden. Im Folgenden sollen die Möglichkeiten der computergestützten Datenanalyse näher beleuchtet und die wesentlichen statistischen Analysemethoden erläutert werden.

Man unterscheidet drei Arten der computergestützten Datenanalyse (vgl. Dannenberg, Barthel 2004). Die Auswahl des jeweiligen Analysewerkzeugs hängt von der Datenmenge und den durchzuführenden statistischen Analysen ab:

- **Tabellenkalkulationsprogramme**
  Tabellenkalkulationsprogramme wie z. B. Microsoft Excel bieten Werkzeuge zur Datenerfassung und -verwaltung sowie diverse statistische Auswertungsfunktionen (univariate Auswertungen, Korrelationen, Regressionen). Mit diesen Programmen können kleine Datenmengen schnell und unkompliziert analysiert werden. Für größere Datenmengen und komplexere Analysen sollte jedoch auf spezielle statistische Auswertungsprogramme zurückgegriffen werden. Nichtsdestotrotz sind Tabellenkalkulationsprogramme sehr flexibel und anwenderfreundlich in Bezug auf Visualisierungsmöglichkeiten, weshalb sie oftmals zur Erstellung von Grafiken verwendet werden.

- **Datenbanksysteme**
  Ein Datenbanksystem wie z. B. Microsoft Access ist ein System zur elektronischen Datenverwaltung. Die wesentliche Aufgabe eines Datenbank-

systems ist es, große Datenmengen effizient, widerspruchsfrei und dauerhaft zu speichern und benötigte Teilmengen in unterschiedlichen, bedarfsgerechten Darstellungsformen bereitzustellen. Da die Erstellung einer Datenbank in der Regel aufwendig ist, lohnt es sich meistens erst bei einem hohen Datenvolumen. Mit Datenbanksystemen können einfache statistische Kennzahlen und Zusammenhänge ermittelt und visualisiert werden. Komplexe statistische Auswertungen sind jedoch nur mit hohem Aufwand durchführbar.

- **Statistische Auswertungsprogramme**
  Hierbei handelt es sich um Software, die speziell für die statistische Datenanalyse entwickelt wurde (z. B. SPSS, SAS). Diese Programme bieten die Möglichkeit umfangreiche Datenmengen zu verwalten, zu transformieren und zu verarbeiten. Hierzu stehen den Anwendern eine Vielzahl von statistischen Funktionen und Prozeduren zur Verfügung, die sowohl univariate (Mittelwertberechnung, Häufigkeitsauszählungen etc.) als auch komplexe multivariate Testverfahren (Faktorenanalyse, Conjoint-Analyse etc.) abdecken. Besonders bei regelmäßig durchzuführenden Analysen bietet sich der Einsatz von statistischen Auswertungsprogrammen an, da hier die Möglichkeit besteht, Analyseprozeduren zu dokumentieren, um diese zu einem späteren Zeitpunkt auf andere Daten anzuwenden.

Die folgende Matrix zeigt, wie die genannten Analysewerkzeuge eingesetzt werden sollten:

Statistische Analysemethoden		
	Einfach	**komplex**
gering	Tabellenkalkulationsprogramme	Tabellenkalkulationsprogramme Statistische Auswertungsprogramme
hoch	Datenbanksysteme Statistische Auswertungsprogramme	Statistische Auswertungsprogramme

(linke Achsenbeschriftung: **Datenmenge**)

Abb. 13: Kategorisierung der Datenanalysewerkzeuge

In diesem Kapitel soll schwerpunktmäßig auf die statistischen Auswertungsprogramme eingegangen werden. Beispielauswertungen in diesem Kapitel wurden mit dem statistischen Auswertungsprogramm »SPSS« durchgeführt. SPSS wird von vielen Marktforschungsinstituten eingesetzt und gilt als Referenzprodukt der programmgestützten statistischen Datenanalyse. Die Software umfasst ein Komplettpaket für die statistische Auswertung und Visualisierung von Daten. SPSS ist modular aufgebaut und basiert auf einem Grundmodul, welches das komplette Daten- und Dateimanagement, viele Diagrammarten und eine breite Palette an statistischen Funktionen enthält. Durch verschiedene Zusatzmodule können spezielle Analysemethoden (z. B. Conjoint Analyse, Zeitreihenanalyse) durchführt werden. Weitere bekannte Analyseprogramme sind SAS oder STATA.

Vor Beginn der Datenanalyse ist es notwendig, sich mit den wichtigsten Definitionen und Begriffen vertraut zu machen. In der Statistik werden uni-, bi- und multivariate Analysen, je nach der Anzahl der zu analysierenden Merkmale/Variablen, unterschieden (vgl. Berekoven et al. 2006). Bei der Analyse eines allein stehenden Merkmals (z. B. Alter, Einkommen, Zustimmungsgrad) spricht man von einer univariaten Analyse (z. B. Häufigkeit einer Merkmalsausprägung, Mittelwert). Setzt man mehrere Merkmale/Variablen ins Verhältnis und analysiert sie im Kontext, spricht man von einer bivariaten (z. B. Korrelationsanalyse) bzw. multivariaten Analyse (z. B. Clusteranalyse). Während im Rahmen einer bivariaten Analyse nur zwei Merkmale einbezogen werden, erfolgt die multivariate Analyse mit mehr als zwei Merkmalen.

Beispiel für uni-, bi- und multivariate Analysen

- **Univariate Analyse** [Häufigkeit einer Merkmalsausprägung, Mittelwert]
  »Wie viel Prozent der untersuchten Probanden sind »weiblich« und wie viel »männlich«?
  → Analyse der relativen Häufigkeit des Merkmals »Geschlecht«
- **Bivariate Analyse** [Korrelationsanalyse]
  »Besteht ein Zusammenhang zwischen den Merkmalen »Geschlecht« und »Einkommen« der untersuchten Testpersonen?
  → Zusammenhangsanalyse der Merkmale »Geschlecht« und »Einkommen«
- **Multivariate Analyse** [Clusteranalyse]
  »Die Testpersonen haben den »Preis«, das »Design«, die »Verpackung« und die »Bedienerfreundlichkeit« von Produkt X einzeln bewertet. Diese Bewertung soll zu einem übergreifenden Zufriedenheitsurteil zusammengefasst werden.«
  → Durchführung einer Faktorenanalyse über die Merkmale »Preis«, »Design«, »Verpackung« und »Bedienerfreundlichkeit« zu einem übergreifenden Zufriedenheitsurteil.

Wie im Beispiel gezeigt, stehen der oben genannten Kategorisierung entsprechende Analyseverfahren gegenüber, die alle der deskriptiven (beschreibenden) Statistik zugeordnet werden können. Sie beinhaltet Analyseverfahren die vorwiegend dazu dienen, die Verteilung der Merkmalsausprägungen durch eine grafische oder tabellarische Darstellung genauer zu beschreiben und statistische Kennzahlen (z. B. Häufigkeit, Mittelwert, Varianz) zu berechnen. Die induktive Statistik (schließende Statistik, Inferenzstatistik) beschäftigt sich hingegen mit der Frage, inwieweit die Ergebnisse einer Teilerhebung durch eine Stichprobe auf die Grundgesamtheit übertragen werden können (siehe Kapitel – Sampling-Plan erstellen) und verwendet dafür Methoden wie z. B. den Chi-Quadrat-Test oder den T-Test (vgl. Raab et al. 2004).

Der Begriff »Variable« wurde bereits im Rahmen der Operationalisierung erwähnt, soll jedoch hier noch einmal im Kontext erläutert werden. Durch die Operationalisierung werden die Ausgangshypothesen in theoretische Begriffe, abgeleitete Begriffe und Indikatoren zerlegt. Ein Indikator wird in der Marketingforschung zumeist durch ein Merkmal abgebildet. Gleichbedeutend mit dem Begriff »Merkmal« ist der Begriff »Variable«, der in der statistischen Datenanalyse verwendet wird. Merkmale bzw. Variablen können verschiedene (Merkmals-)Ausprägungen annehmen. Im Folgenden soll zur Vereinfachung nur noch der Begriff »Variable« verwendet werden.

Bevor nun die einzelnen Schritte der Datenanalyse erläutert werden, soll im folgenden Exkurs eine kurze Einführung zur Benutzung des statistischen Analyseprogramms SPSS gegeben werden.

Exkurs: SPSS

Das Programmpaket SPSS ist in seiner Bedienung und der Menüstruktur sehr stark an herkömmlichen Windows-Programmen angelehnt. Am oberen Bildschirmrand befindet sich die Menüleiste, mit der sämtliche Funktionen von SPSS aufgerufen werden können. Die Menüpunkte beinhalten die Hauptfunktionen von SPSS mit denen Daten strukturiert, gefiltert, aufbereitet, analysiert und visualisiert werden können. Häufig verwendete Befehle sind zudem über die Symbolleisten erreichbar. Am unteren Rand des Arbeitsbereichs befindet sich die Statusleiste, die aktuelle Statusmeldungen von SPSS und Hinweise über Filter- und Selektionsfunktionen anzeigt. Das Programm ist dialogorientiert aufgebaut, d. h. der komplette Prozess der Datenanalyse kann anhand von grafischen Eingabemasken gesteuert werden.

In SPSS unterscheidet man zwischen drei Hauptansichten, dem Daten-Editor, dem Syntax-Editor und dem SPSS-Viewer. Der Daten-Editor ist die eigentliche Arbeitsumgebung von SPSS und öffnet sich beim Start des Programms. Im Daten-Editor werden sämtliche Variablen und die dazugehörigen Ausprägungen verwaltet. Der Editor unterscheidet zwei Ansichten, nämlich die Daten- und die Variablenansicht. In der Variablenansicht werden sämtliche Variablen und deren zugehörige Attribute (z. B. Name, Typ) angezeigt. Hier lassen sich auch neue Variablen anlegen und bereits bestehende Variablen verändern bzw. löschen. Änderungen in der Variablenansicht haben unmittelbare Auswirkungen auf die gespeicherten Untersuchungsdaten in der Datenansicht. Die Datenansicht zeigt die Ausprägungen der jeweiligen Variablen. Jede Zeile repräsentiert einen Datensatz (z. B. ausgefüllter Fragebogen) und speichert somit alle Ausprägungen einer Testperson. Datensätze werden in SPSS auch Fälle genannt und mit einer eindeutigen Fallnummer gekennzeichnet.

Der SPSS Viewer öffnet sich automatisch und zeigt das Ergebnis eines Analysevorgangs. Im Viewer können Ergebnisse nicht nur betrachtet, sondern auch bearbeitet und formatiert werden.

Der Syntax-Editor speichert Analyseprozeduren in der SPSS-Befehlssprache zur späteren Wiederverwendung. Befehlsfolgen lassen sich beliebig oft wiederholen und sind somit besonders bei regelmäßig zu wiederholenden Analysen sinnvoll (z. B. monatliche Absatzanalyse).

Zur weiteren Vertiefung bietet sich die Hilfefunktion von SPSS (allgemeine SPSS-Hilfe, Lernprogramm, Statistic-Coach) oder einschlägige Fachliteratur an. Eine nützliche Hilfefunktion von SPSS ist die Kontext-Hilfe, die mit der rechten Maustaste in sämtlichen Dialogfenstern von SPSS aufgerufen werden kann. Sie erklärt die Bedienelemente und statistische Funktionen und gibt Auskunft über die Variablen.

Tipps & Tricks

- Einfache Analysen von kleinen Datenmengen können oftmals schneller in Tabellenkalkulationsprogrammen als in statistischen Auswertungsprogrammen durchgeführt werden.
- Es werden bereits spezielle Software-Erweiterungen für Microsoft Excel angeboten, mit denen selbst multivariate Analysen durchgeführt werden können.
- Für die Dauer von Studentenprojekten oder Abschlussarbeiten werden von den Softwareherstellern (z. B. SPSS) oft Sonderkonditionen angeboten, zu denen statistische Auswertungsprogramme für eine begrenzte Zeit genutzt werden können.
- Durch die computergestützte Datenerhebung erspart man sich zum einen den Zeitaufwand für die Digitalisierung der Daten und kann zum anderen Eingabefehler vermeiden. Des Weiteren hat man die Möglichkeit, während der Eingabe Konsistenzchecks durchzuführen und das Antwortverhalten der Probanden durch Eingabemasken, Drop-Down-Menüs und Check-Boxen zu lenken bzw. einzuschränken. Nach wie vor gilt, dass methodische Fehler im Fragebogendesign nicht durch die Möglichkeiten der computergestützten Datenerhebung kompensiert werden können.

4-1   Daten aufbereiten

Die Aufbereitung ist der erste Schritt der Datenanalyse und beinhaltet die Kodierung der erhobenen Daten, die Vorbereitung der Dateneingabe, die Überprüfung der Daten und die Übertragung der Daten in das statistische Analyseprogramm. Der letzte Schritt der Datenaufbereitung wird bereits mit Hilfe des statistischen Analyseprogramms durchgeführt und umfasst die Prüfung der eingegebenen Daten mittels statistischer Analyseverfahren. Sofern die Datenerhebung computergestützt durchgeführt wurde, können die ersten Schritte der Datenaufbereitung übersprungen werden, da sich die Daten bereits in der Analysesoftware befinden. Sind die Daten manuell erhoben worden, müssen die Daten zunächst kodiert werden, sofern dies in der Konzeptionsphase noch nicht geschehen ist.

Daten kodieren

Bereits im Vorfeld der Datenerhebung sollte man sich Gedanken darüber machen, welche Anforderungen für die Datenanalyse mit statistischen Analyseprogrammen erfüllt werden müssen. Um Daten mit einem Analyseprogramm statistisch auswerten zu können, müssen die Variablen messbar sein, d. h. jeder Ausprägung muss ein Zahlenwert zugeordnet sein, durch den eine Verarbeitung im Computer ermöglicht wird (siehe Kapitel – Erhebungsinstrument wählen). Dieser Vorgang wird als Datenkodierung bezeichnet. Da metrische Variablen (z. B. Alter in Jahren, Körpergröße in cm) bereits in einer verarbeitbaren Form vorliegen und Skalen bei deren Konstruktion mit Messwerten versehen werden, sind hiervon lediglich nicht-metrische Variablen wie z. B. »Geschlecht« oder »Familienstand« betroffen. Letztere müssen zur Verarbeitung in Analyseprogrammen verschlüsselt (kodiert) werden. Für Alternativfragen mit den Antwortkategorien »Ja« und »Nein« bietet es sich an, die Antwort »Ja« mit dem Wert »1« und »Nein« mit dem Wert »0« zu kodieren. Es handelt sich dabei um eine dichotome Kodierung (Aufteilung in zwei Merkmalsausprägungen wie z. B. Geschlecht: männlich/weiblich). Mehrfachauswahlfragen, bei denen maximal eine Nennung möglich ist (z. B. Familienstand: ledig, verheiratet, geschieden, verwitwet), sollten nach einer gleichmäßigen Logik kodiert werden (z. B. ledig = 1, verheiratet = 2, geschieden = 3, verwitwet = 4). Bei Mehrfachauswahlfragen, bei denen zwei oder mehr Nennungen möglich sind, werden mehrere Variablen in einer Frage abgefragt. Im Grunde handelt es sich um einzelne Alternativfragen, die in einer Frage zusammengefasst werden. Bei dieser Spezialform wird jede Antwortkategorie als separate Variable betrachtet und mit den Werten »1 = gewählt« und »0 = nicht gewählt« kodiert (Methode multipler Dichotomien). Von einer

Auswertung der offenen Fragen mit Hilfe von Analyseprogrammen ist abzuraten, da außer in einigen Spezialfällen die Merkmalsausprägungen nicht kodiert und somit auch nicht ausgewertet werden können.

Beispiel zur Datenkodierung

Wird die Variable »Alter in Jahren« gemessen, sind die Ausprägungen (z. B. 24, 36, 22, 58, 51, 64) metrisch und liegen bereits in einer für den Computer verarbeitbaren Form vor. Wird jedoch die Variable »Alter« in Alterskategorien erhoben, müssen die Ausprägungen (z. B. 0–15 Jahre, 16–30 Jahre) kodiert werden, damit sie verarbeitbar werden. Da es sich um eine ordinal-skalierte Variable handelt, sollten die Zahlenwerte so gewählt werden, dass sie die Eigenschaften des Messniveaus abbilden. In diesem Fall würde man eine aufsteigende Zahlenreihe wählen (z. B. »0–15 Jahre« = 1; »16–30 Jahre« = 2;. . .).

Die Kodierung der einzelnen Variablen wird in einem so genannten Kodeplan protokolliert, der für jede Frage die Variablenbezeichnung und die entsprechende Kodierung ausweist. Dieser Kodeplan wird den Personen, welche die Dateneingabe durchführen, als Eingabehilfe zur Verfügung gestellt. In der Praxis werden die benötigten Angaben direkt auf dem Fragebogen notiert (siehe Abbildung 14).

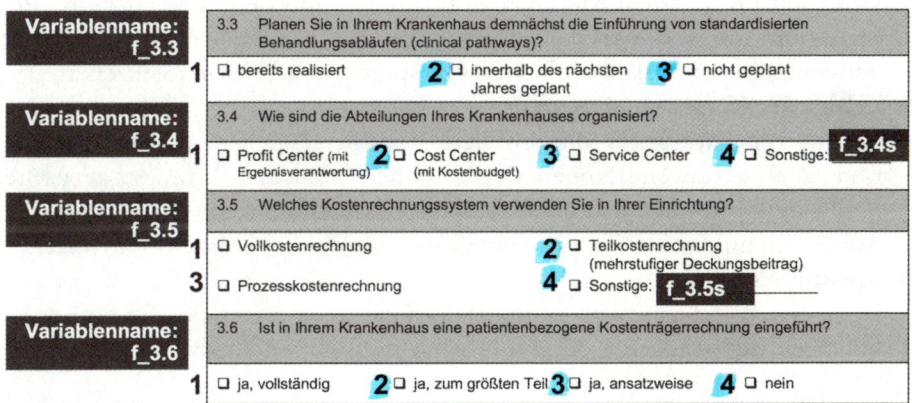

Abb. 14: Kodeplan

Dateneingabe vorbereiten

Sind sämtliche Variablen des Erhebungsinstrumentes kodiert, muss das Analyseprogramm für die Dateneingabe vorbereitet werden. Als erstes wird jeder Variable ein eindeutiger Variablenname zugeordnet, der für das Analyseprogramm als Identifikationsmerkmal dient. Er muss den Konventionen der

statistischen Analysesoftware entsprechen. Bei der Vergabe der Variablennamen sollte man sich an der Nummerierung der Variablen im Untersuchungsinstrument orientieren. Im Regelfall wird jede Variable in der
Operationalisierung durch eine Frage im Erhebungsinstrument repräsentiert.
Werden in einer Frage mehrere Variablen zusammengefasst (Mehrfachaus-
wahlfrage mit unbegrenzter Anzahl an Nennungen) müssen für diese Frage
auch mehrere Variablen im Analyseprogramm definiert werden. Gleiches gilt,
wenn Merkmalsausprägungen durch eine offene Frage genauer spezifiziert
werden sollen (z. B. »Bitte begründen Sie Ihre Entscheidung«).

Neben dem Variablennamen benötigt das statistische Analyseprogramm
zusätzliche Angaben zu den Variablen. Je nach Analysesoftware können die
Einstellungen abweichen. In SPSS werden beispielsweise folgende Informationen benötigt:

- **Variablentyp**
  Bestimmt, welche Werte die Variable enthalten wird (z. B. numerische
  Daten, Geldbeträge, Texte).
- **Variablenlabel**
  Enthält eine detaillierte und möglichst eindeutige verbale Beschreibung der
  Variablen.
- **Wertelabel**
  Verknüpft die verbalen Merkmalsausprägungen mit den numerischen Zah-
  lenwerten, die den Merkmalsausprägungen bei der Kodierung zugeordnet
  wurden, um die Variablen für den Computer verarbeitbar zu machen.
- **Fehlende Werte**
  Hier werden Werte für die jeweilige Variable festgelegt, die nicht in die
  Datenanalyse mit einbezogen werden sollen, weil es sich um so genannte
  »fehlende Werte« handelt. Fehlende Werte entstehen, wenn der Proband die
  Antwort schuldig bleibt oder Fragen nicht oder unleserlich beantwortet.
- **Messniveau**
  Definiert das Messniveau (nominal, ordinal oder metrisch) der einzelnen
  Variablen und somit die durchführbaren statistischen Analyseverfahren.

Zusätzliche formattechnische Angaben (z. B. Dezimalstellen, Ausrichtung)
vervollständigen die Angaben zu einer Variablen.

Daten überprüfen

Vor der Übernahme der erhobenen Daten in das statistische Auswertungsprogramm sollte jeder Fragebogen oder jedes Erfassungsformular einer intensiven manuellen Prüfung unterzogen werden. Geprüft werden beispielsweise
die Vollständigkeit der Erfassungsformulare (z. B. Anzahl der Fragebögen,
Seiten pro Fragebogen), die Lesbarkeit und Eindeutigkeit von Antworten

(z.B. Schrift lesbar, Intention der Testperson erkennbar) und die Konsistenz der Antworten (z.B. Fehler des Interviewers oder der Testpersonen erkennbar). Besonders bei speziellen Fragetypen wie z.B. Mehrfachauswahlfragen sollte geprüft werden, ob die Fragen korrekt beantwortet wurden. Des Weiteren werden die Fragebögen bei diesem Arbeitsschritt mit einer fortlaufenden Nummer versehen, die sich im Anschluss auch wieder im Analyseprogramm finden sollte. Treten im Verlauf der Analyse Probleme auf, können die betroffenen Fragebögen somit mühelos identifiziert werden.

Dateneingabe

Wurde die Qualität der erhobenen Daten geprüft, erfolgt letztendlich die Digitalisierung der erhobenen Daten, d.h. die Eingabe der Daten in die Analysesoftware. Es werden lediglich die kodierten Ausprägungen der Testpersonen übertragen und nicht die verbalen Beschreibungen im Untersuchungsinstrument. Die Dateneingabe muss sehr sorgfältig durchgeführt werden, da es hier schnell zu Eingabefehlern kommen kann. Zur Vereinfachung der Dateneingabe bieten manche Auswertungsprogramme Unterstützung durch vorgefertigte Dateneingabemasken oder die Möglichkeit selbst softwaregestützte Eingabehilfen zu erstellen (z.B. SPSS Data Entry). Eine einfachere und weitaus praktikablere Möglichkeit ist die Verwendung von Kodierungsfolien (transparente Overheadfolien). Auf diesen Folien werden die Informationen des Kodeplans vermerkt. Danach werden sie bei der Dateneingabe auf die einzugebenden Fragebögen gelegt (siehe Abbildung 15).

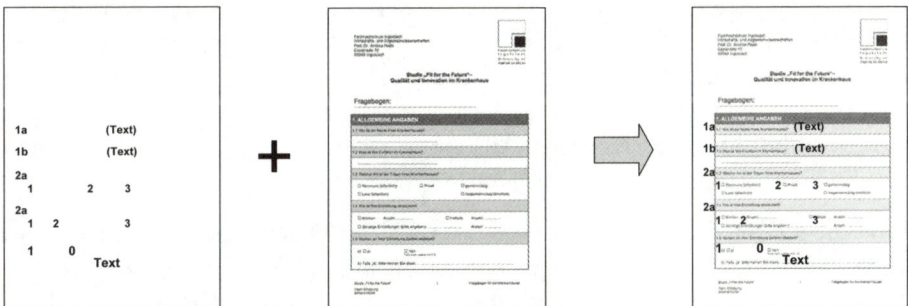

Abb. 15: Manuelle Dateneingabe mit Kodierungsfolien

Explorative Datenanalyse

Bevor mit den richtigen Analysen begonnen werden kann, sollte zunächst noch eine weitere Überprüfung der Daten mit Hilfe des statistischen Analyseprogramms durchgeführt werden, um Eingabefehler bereits zu Beginn der Analysephase auszuschließen. Kristallisieren sich diese Fehler erst im Laufe der

Datenanalyse heraus, muss im schlechtesten Fall von einer Verzerrung der Ergebnisse ausgegangen werden, was eine Überprüfung der Eingabe sämtlicher Daten und die wiederholte Durchführung sämtlicher Analysen nach sich zieht. Die Ziele der explorativen Datenanalyse sind:

- Überprüfung der Rohdaten und ggf. der Erhebungsformulare (z. B. Fragebogen)
- Prüfung der Verteilung der Messwerte und Identifikation von Ausreißern
- Bildung von Hypothesen über Zusammenhänge, die vorher nicht erkennbar waren
- Hilfe zur Wahl des passenden statistischen Werkzeuges

Kennzahlen dienen im Rahmen der explorativen Datenanalyse dazu, die Verteilung der Beobachtungswerte statistisch zu beschreiben. Das einfachste Werkzeug der explorativen Datenanalyse ist die Häufigkeitsauswertung. Die Häufigkeitsauswertung zählt die Anzahl der jeweiligen Merkmalsausprägungen einer Variablen. Wurden bei der Dateneingabe Fehler gemacht und beispielsweise falsche Kodierungen verwendet, kann dies schnell durch eine Häufigkeitsauswertung aufgedeckt werden. Weitere Kennzahlen, die bei der Überprüfung der Daten von Vorteil sein können, sind beispielsweise Mittelwert, Varianz und Standardabweichung. Näheres zu den Kennzahlen in den nächsten Kapiteln.

Viele statistische Analyseprogramme bieten zudem die Möglichkeit, eine Ausreißeranalyse durchzuführen. Ausreißer entstehen häufig durch Fehler bei der Dateneingabe, -erhebung oder -messung. Es handelt sich um Merkmalsausprägungen, die im Verhältnis zu den meisten übrigen Werten auffallend nach oben oder unten abweichen, die also sehr groß oder sehr klein sind (vgl. Brosius 2006). Es hängt also von der jeweiligen Verteilung der Merkmalsausprägungen ab, wie Ausreißer definiert werden. In manchen Fällen sollte überlegt werden, Ausreißer von bestimmten Analysen auszuschließen, da sie häufig die Ergebnisse verzerren.

Sind die letzten Zweifel an der Fehlerfreiheit der Daten ausgeräumt, kann mit der eigentlichen Analyse und Interpretation der Daten gestartet werden. Im Folgenden sollen nun die wichtigsten uni-, bi- und multivariaten Verfahren erklärt werden. Zur Verdeutlichung dienen beispielhafte Auswertungen, die mit der statistischen Analysesoftware »SPSS« durchgeführt wurden. Da die Durchführung der Analysen von Software zu Software variiert, können hier lediglich die theoretischen Grundlagen der einzelnen Analysemethoden angeführt werden. Um die Analysen praktisch in einem Analyseprogramm durchzuführen, sollte einschlägige Literatur für die jeweilige Software konsultiert werden.

Tipps & Tricks

- Um die Dateneingabe zu beschleunigen, bietet es sich an, die Fragebogendaten zu zweit einzugeben. Während eine Person die Daten mit der entsprechenden Kodierung vorliest, gibt die andere Person die Daten in die Datenbank ein.
- Besonders bei handschriftlich ausgefüllten Fragebögen muss geprüft werden, in wieweit die Daten lesbar, vollständig und widerspruchsfrei sind.
- Um Fehler bei der Fragebogeneingabe zu minimieren, ist es von Vorteil, für alle Variablen eine einheitliches Kodierungsschema zu verwenden, indem man z. B. Ja/Nein Fragen immer gleich kodiert.
- Grundsätzlich sind in SPSS systemdefinierte und benutzerdefinierte fehlende Werte zu unterscheiden. Leere Datenfelder werden von SPSS als systemdefinierte fehlende Werte wahrgenommen und nicht in die Analyse einbezogen. Benutzerdefinierte fehlende Werte sind zu vergeben, wenn eine dafür vorgesehene Antwortkategorie (z. B. »weiß nicht«, »keine Angabe«) existiert und von Probanden ausgewählt wurde.
- Für benutzerdefinierte fehlende Werten dürfen keinesfalls Kodierungen verwendet werden, die als normale Antworten vorkommen könnten. Generell werden hierfür Kodierungen mit den Endziffern 8 oder 9 verwendet (98, 99, 999, −9, −99, −888). Diese Kodierungen müssen explizit als fehlende Werte gekennzeichnet werden.

4-2   Deskriptive Statistik

Die deskriptive oder beschreibende Statistik wird eingesetzt, um die Struktur und die Zusammenhänge der erhobenen Daten zu analysieren (vgl. Kamenz 2001). Mittels der deskriptiven Statistik sind keine Rückschlüsse oder Verallgemeinerungen von einer Stichprobe auf die Grundgesamtheit möglich – dies obliegt der induktiven Statistik. Die deskriptive Statistik wird in uni-, bi- und multivariate Analysemethoden unterteilt.

4-2a   Univariate Analysemethoden

Die Analyse von einzelnen Variablen wird unter dem Begriff univariate Datenanalyse zusammengefasst und beinhaltet Häufigkeitsauszählungen, Lageparameter und Streuparameter.

Häufigkeitsmaße

Nach der Aufbereitung der Daten sollte zunächst mit der Auswertung der Häufigkeiten begonnen werden. Die Häufigkeitsauswertung gibt für jede Variable an, mit welcher Anzahl die jeweiligen Merkmalsausprägungen in der Untersuchung genannt wurden. Da stetige Variablen (z. B. Alter in Jahren) im Gegensatz zu diskreten Variablen (z. B. Familienstand) eine große Zahl an Merkmalsausprägungen annehmen können, werden stetige Variablen für die Häufigkeitsauswertung in Gruppen zusammengefasst, um den Überblick nicht zu verlieren. Häufigkeiten werden entweder in ihrer absoluten oder relativen Ausprägung (Prozent) angegeben. Setzt man die absolute Anzahl einer Merkmalsausprägung ins Verhältnis zur absoluten Anzahl aller Variablenwerte so ergibt sich die relative Häufigkeit. Folgende Abbildung zeigt eine normalverteilte Häufigkeitsverteilung.

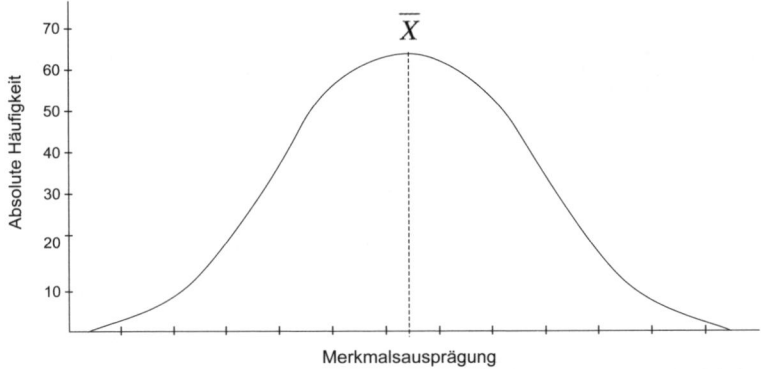

Abb. 16: Häufigkeitsverteilung

Für einen besseren Überblick werden Häufigkeitsmaße grafisch durch z. B. Kreisdiagramme oder Balkendiagramme dargestellt. Eine gute Ergänzung zu den Häufigkeitsmaßen stellen die Lage- oder Streumaße dar, die einen aggregierten Überblick über die Häufigkeitsauszählung ermöglichen. Bei der Präsentation von Häufigkeitsmaßen sollten diese Kennzahlen immer mit angegeben werden.

Beispiel für eine Häufigkeitsauswertung

Folgende Abbildung zeigt eine Häufigkeitsauswertung in SPSS. In der ersten Spalte der Tabelle werden die Merkmalsausprägungen der analysierten Variablen – hier »Geschlecht« – angezeigt, sowie die fehlenden Werte (siehe oben) und die Gesamtsumme der Fälle. Die nächsten Spalten zeigen die absoluten Häufigkeiten und die relativen Häufigkeiten, wobei die Prozentwerte in Spalte 3 inklusive der fehlenden Werte und in Spalte 4 exklusive der fehlenden Werte (gültige Fälle) errechnet wurden. Die letzte Spalte zeigt die kumulierten Prozentwerte für alle gültigen Merkmalsausprägungen.

Tabelle 9: Häufigkeitsauswertung der Variable »Geschlecht«

Geschlecht

		Häufigkeit	Prozent	Gültige Prozente	Kumulierte Prozente
Gültig	männlich	53	41,1	42,4	42,4
	weiblich	72	55,8	57,6	100,0
	Gesamt	125	96,9	100,0	
Fehlend	System	4	3,1		
Gesamt		129	100,0		

Lagemaße

Lagemaße bestimmen die Position (Lage) mehrerer Variablenwerte auf einer Dimension durch einen einzigen Wert (vgl. Koch 2004). Die wichtigsten Lagemaße sind Modus, Median und arithmetisches Mittel. Der **Modus** oder auch Modalwert genannt ist die Merkmalsausprägung, die bei einer Variablen am häufigsten auftritt. Eine Variable kann mehrere Modi enthalten. Handelt es sich um kategorisierte Variablen (z. B. Alter in Alterskategorien), entspricht der Modus der Kategorie, welche die meisten Variablenwerte enthält. Der Modus ist das einzige berechenbare Lagemaß für nominal-skalierte Daten.

Beispiel für Modus

Variablenwerte der Variable »Alter«:

18, **22**, 24, 27, 24, 25, 25, **22**, 23, **22**, 24, **22**, 29, 33, 23, 30, **22**

Der Modus der Variable »Alter«, sprich der Variablenwert, der am häufigsten auftritt, ist »22«.

Der **Median** teilt eine der Größe nach sortierte Reihe von Variablenwerten genau in der Mitte, sodass die Anzahl der Variablenwerte links und rechts vom Median gleich groß ist. Deshalb spricht man auch vom zentralen Wert. Bei einer ungeraden Anzahl an Variablenwerten wird der Median wie folgt berechnet:

$$\overline{X}_Z = X_{\frac{n+1}{2}}$$

mit: $\overline{X}_Z$: Median

   X: Variablenwert

   n: Gesamtanzahl der Variablenwerte

Bei einer geraden Anzahl an Variablenwerten entspricht der Median dem Mittelwert der aus den beiden Variablenwerten in der Mitte gebildet wird. In diesem Fall wird folgende Formel angewendet:

$$\overline{X}_Z = \frac{1}{2}\left[X_{\frac{n}{2}} + X_{\frac{n}{2}+1}\right]$$

mit: $\overline{X}_Z$: Median
      X: Variablenwert
      n: Gesamtanzahl der Variablenwerte

Beispiel für Median

Variablenwerte der Variable »Alter«:

18, 22, 24, 27, 24, 25, 25, 22, 23, 22, 24, 22, 29, 33, 23, 30, 22

Zunächst werden die Variablenwerte der Reihe nach geordnet.

18, 22, 22, 22, 22, 22, 23, 23, 24, 24, 24, 25, 25, 27, 29, 30, 33

Da es sich um eine ungerade Anzahl von Variablenwerten handelt, wird folgende Formel verwendet:

$$Median_{(X)} = X_{\frac{n+1}{2}} = X_{\frac{17+1}{2}} = X_9 = 24$$

Der Median ist der neunte Variablenwert in einer aufsteigend geordneten Reihe von Variablenwerten. In obigem Beispiel ist dies der Wert »24«.

Das **arithmetische Mittel** wird umgangssprachlich als Mittel- oder Durchschnittswert bezeichnet und ergibt sich in der Regel aus der Summe aller Variablenwerte einer Variablen dividiert durch die Anzahl der Variablenwerte. Man spricht von einem ungewogenen arithmetischen Mittel, weil jeder Variablenwert nur einmal in die Berechnung einbezogen wird. Die Formel dafür lautet:

$$\overline{X} = \frac{x_1 + x_2 + x_3 + x_4 + x_5 + \ldots + x_n}{n}$$

mit: $\overline{X}$: ungewogenes arithmetisches Mittel
      x_n: Variablenwert an der Stelle »n«
      n: Anzahl aller Variablenwerte

Vom ungewogenen unterscheidet man das gewogene arithmetische Mittel. Es wird eingesetzt, wenn einzelne Merkmalsausprägungen mehrfach auftreten und sie somit eine unterschiedliche Gewichtung tragen (vgl. Weis, Steinmetz 2005). Die Formel für das gewogene arithmetische Mittel lautet folgendermaßen:

$$\overline{X}_{(g)} = \frac{g_1 \cdot x_1 + g_2 \cdot x_2 + g_3 \cdot x_3 + \ldots + g_i \cdot x_i}{g_1 + g_2 + g_3 + \ldots + g_i}$$

mit: $\overline{X}_{(g)}$: gewogenes arithmetisches Mittel
$\quad\quad$ x_i:$\quad$ Variablenwert an der Stelle »n«
$\quad\quad$ g_i:$\quad$ Gewichtungsfaktor

Bei kategorisierten Variablen (z. B. Alter in Altersklassen) sollte ein repräsentativer Wert für jede Kategorie bestimmt werden, um das arithmetische Mittel berechnen zu können (vgl. Kamenz 2001). Hier bietet sich beispielsweise der Mittelwert einer Kategorie an (z. B. Altersklasse »40−60 Jahre« → Wert dieser Kategorie zur Berechnung des arithmetischen Mittels über alle Klassen: »50 Jahre«).

Da einzelne extreme Variablenwerte das arithmetische Mittel stark verzerren können, bieten viele Analyseprogramme spezielle statistische Prozeduren, die so genannte Ausreißer bei der Mittelwertberechnung nivellieren.

Neben dem arithmetischen Mittel können noch das geometrische und das harmonische Mittel berechnet werden. Aufgrund der geringen Relevanz dieser Kennzahlen in der Marketingforschungspraxis soll hier jedoch nicht näher darauf eingegangen werden.

Beispiel ungewogenes und gewogenes arithmetisches Mittel

Das Einkommen folgender Berufsgruppen in einer Region wurde anhand einer Stichprobe erhoben:

Berufsgruppe	monatl. Einkommen (brutto)	Anzahl Personen
Arbeiter	2800 €	586
Angestellte	3150 €	792
Landwirte	2570 €	310

Errechnet man nun das ungewogene arithmetische Mittel, dann erhält man folgenden Mittelwert:

$$\overline{X} = \frac{2800 + 3150 + 2570}{3} = 2840$$

Errechnet man jedoch das gewogene arithmetische Mittel, erhält man einen anderen Mittelwert:

$$\overline{X}_{(g)} = \frac{2800 \cdot 586 + 3150 \cdot 792 + 2570 \cdot 310}{586 + 792 + 310} = \frac{4\,932\,300}{1688} = 2921{,}98$$

In diesem Fall sollte das gewogene arithmetische Mittel verwendet werden, weil es den Mittelwert der Stichprobe besser wiedergibt.

Während der Modus bereits für nominal skalierte Variablen sinnvolle Ergebnisse liefert und somit auch für sämtliche andere Messniveaus eingesetzt werden kann, ist für den Median mindestens ein ordinales und für das

arithmetische Mittel mindestens ein (quasi-)metrisches Datenniveau erforderlich. Zur Mittelwertberechnung bei Rating-Skalen (siehe Kapitel – Erhebungsinstrument wählen). Bei der Berechnung von Mittelwerten sollte darauf
geachtet werden, dass fehlende Werte wie z. B. »999«, »-88« nicht in die
Mittelwertberechnung mit einbezogen werden, das diese das Ergebnis
unbrauchbar machen würden. Deshalb sollte bei der Datenaufbereitung ein
besonderes Augenmerk auf die Kodierung von fehlenden Werten gelegt
werden.

Streumaße

Die Streuung beschäftigt sich mit der Verteilung der Variablenwerte einer
Variablen und gibt Auskunft, ob in einer Stichprobe eher gleich- oder
verschiedenartige Variablenwerte vorkommen. Streumaße geben somit an,
wie dicht die Variablenwerte beieinander liegen bzw. wie weit die Variablenwerte von einer Bezugsgröße (z. B. arithmetisches Mittel) abweichen (vgl.
Weis, Steinmetz 2005). Erhebt man beispielsweise das Alter von Testpersonen
über zwei unterschiedliche Stichproben, so kann das Alter der Probanden in
der ersten Stichprobe von $18-25$ Jahren variieren und das Alter der Probanden in der zweiten Stichprobe von $18-35$ Jahren. Die zweite Stichprobe
besitzt im Vergleich zur ersten Stichprobe eine größere Streuung, weil sich die
Variablenwerte über einen größeren Werteraum verteilen. Die wichtigsten
Streumaße sind die Spannweite, die Interquartilspanne, die Varianz und die
Standardabweichung.

Die **Spannweite** gibt an, wie weit die beiden Extremwerte (kleinster und
größter Wert) einer Variablen voneinander entfernt sind. Sie beschreibt quasi
die gesamte Streubreite einer Häufigkeitsverteilung. Die Spannweite wird
berechnet, indem man die Differenz zwischen größter und kleinster Merkmalsausprägung bildet.

$$SW_{(x)} = x_{\max} - x_{\min}$$

Beispiel für Spannweite

Die Spannweite der Variable »Alter in Jahren« mit den folgenden Merkmalsausprägungen beträgt »20 Jahre«.

Variable »Alter in Jahren«: 19, 22, 23, 26, 27, 29, 30, 35, 38, 39

Ein Nachteil der Spannweite ist, dass sie durch Ausreißer stark verzerrt wird.
Um diesem Nachteil entgegenzuwirken, werden in der Statistik häufig die
extremsten Werte ausgeschlossen und die Streuung über den verbleibenden
Wertebereich gemessen. Eine mögliche Anwendung ist die Interquartilspanne.

Die **Interquartilspanne** (IQS) bildet die Spannweite, ohne die 25 % kleinsten und 25 % größten Merkmalsausprägungen zu berücksichtigen. Um die IQS zu berechnen, werden die Merkmalsausprägungen in aufsteigender Reihenfolge sortiert und in zwei Gruppen geteilt. Handelt es sich um eine ungerade Anzahl von Merkmalsausprägungen zählt der Wert in der Mitte (Median, Q_2) zu beiden Gruppen. Im nächsten Schritt wird von beiden Gruppen der Median gebildet. Der Median der ersten Gruppe wird als »erstes Quartil (Q_1)« bezeichnet (darunter liegen die 25 % kleinsten Merkmalsausprägungen) und der Median der zweiten Gruppe als »drittes Quartil (Q_3)« (über dem dritten Quartil liegen die 25 % größten Merkmalsausprägungen). Die Differenz zwischen dem dritten Quartil und dem ersten Quartil ergibt die Interquartilspanne.

$$IQS_{(x)} = Q_3 - Q_1$$

Die **Varianz** und die **Standardabweichung** sind die gebräuchlichsten und wichtigsten Kennzahlen zur Messung der Streuung und wurden bereits im Kapitel »Sampling-Plan erstellen« erwähnt. Die Varianz (σ^2) ergibt sich aus der Summe der durchschnittlichen quadratischen Abweichungen $(x_i - \overline{x})^2$ vom Mittelwert ($\overline{x}$) einer Variablen dividiert durch die Anzahl der Variablenwerte (n) (vgl. Koch 2004).

$$\sigma^2 = \frac{1}{n} \sum_{i=1}^{n} (x_i - \overline{x})^2 = \left[\frac{1}{n} \left(\sum_{i=1}^{n} x_i^2 \right) \right] - (\overline{x})^2$$

Die Varianz wird in der quadrierten Einheit der Variable gemessen. Die Standardabweichung (durchschnittliche Abweichung der einzelnen Variablenwerte vom arithmetischen Mittel einer Variable) hingegen wird in der Einheit der Variablen (z. B. Alter in Jahren) angegeben und ergibt sich aus der Wurzel der Varianz.

$$\sigma = \sqrt{\sigma^2} = \sqrt{\frac{1}{n} \sum_{i=1}^{n} (x_i - \overline{x})^2}$$

Durch die Standardabweichung wird die Streuung von mehreren Variablen vergleichbar. Die Standardabweichung ist besonders bei statistischen Tests ein wichtiger Richtwert, da sich mit ihr die Fehlerbereiche um das arithmetische Mittel einer Variablen kennzeichnen lassen. Zusätzlich kann bei einer Normalverteilung der Variablenwerte angegeben werden, mit welcher Wahrscheinlichkeit bestimmte Werte innerhalb eines Fehlerbereichs fallen (vgl. Berekoven et al. 2006). Eine bereits erwähnte praktische Anwendung findet man bei der Berechnung der Stichprobengröße (siehe Kapitel – Sampling-Plan erstellen).

Beispiel für Varianz und Standardabweichung

Für die in oben genanntem Beispiel verwendeten Variablenwerte der Variable »Alter in Jahren« soll die Varianz und die Standardabweichung gemessen werden:

Variable »Alter in Jahren«: 19, 22, 23, 26, 27, 29, 30, 35, 38, 39

$$\sigma^2 = \frac{1}{N}\sum_{i=1}^{N}(x_i - \overline{x})^2 = \left[\frac{1}{n}\left(\sum_{i=1}^{n}x_i^2\right)\right] - (\overline{x})^2 = \left[\frac{1}{10}\cdot 8710\right] - 829,44 = 41,56$$

$$\sigma = \sqrt{\sigma^2} = \sqrt{41,56} = 6,45 \text{ Jahre}$$

Das arithmetische Mittel der Variable »Alter in Jahren« liegt bei 28,80 Jahren. Die Varianz beträgt 41,56 und die Standardabweichung 6,45 Jahre. Würde man nun von der Stichprobe auf die Grundgesamtheit der Untersuchung schließen wollen, könnte man unter der Voraussetzung, dass eine Normalverteilung vorliegt, die Aussage treffen, dass die Werte der Grundgesamtheit für die Variable »Alter in Jahren« mit einer 68 %igen Wahrscheinlichkeit in den Fehlerbereich von 28,80 Jahre ± 6,45 Jahre fallen.

In der Statistiksoftware »SPSS« werden Lage- und Streumaße unter dem Oberpunkt »deskriptive Statistik« geführt. Folgende Abbildung zeigt beispielhaft eine deskriptive Analyse über die Variable »Körpergröße in cm«. Die Stichprobe besteht aus 122 Testpersonen. Neben den bereits erläuterten Kennzahlen werden dort ebenfalls die Schiefe und Kurtosis einer Verteilung ausgegeben. Es handelt sich um so genannte Formparameter, welche die Gestalt, Symmetrie und Form der Häufigkeitsverteilung beschreiben (vgl. Kamenz 2001). Die Schiefe gibt die Steilheit und die Kurtosis die Wölbung einer Verteilung an. Der Standardfehler wird als Synonym für den Stichprobenfehler verwendet (siehe Kapitel – Sampling-Plan erstellen). Diese Kennzahlen geben zusätzliche Informationen über die Verteilung der Variablenwerte.

Tabelle 10: Lagemaße über die Variable »Körpergröße in cm«

Deskriptive Statistik

	N	Spannwei	Mittelwert		Standard	Varianz	Schiefe		Kurtosis	
	Statistik	Statistik	Statistik	Standard-fehler	Statistik	Statistik	Statistik	Standard-fehler	Statistik	Standard-fehler
Größe	122	38,00	174,1721	,76554	8,45571	71,499	,336	,219	,370	,435
Gültige Werte (Listenweise)	122									

Während die Spannweite und die Interquartilspanne bereits bei ordinal-skalierten Variablen verwendet werden kann, können Varianz und Standardabweichung nur bei (quasi-) metrischen Variablen eingesetzt werden.

Tipps & Tricks

- Bei der Häufigkeitsauszählung von metrischen Variablen ist es sinnvoll, Kategorien zu bilden (Klassenbildung), um übersichtlichere Ergebnisse zu erhalten. In der Regel sollten die Intervalle für die Klassenbildung so gewählt werden, dass gleiche Abstände entstehen, mit Ausnahme des größten Intervalls.
- Bei der Präsentation von univariaten Auswertungen können Streu- oder Lagemaße sinnvolle inhaltliche Ergänzungen darstellen.

4-2 b Bivariate Analysemethoden

Die bivariaten Analysemethoden beschäftigen sich mit den Zusammenhängen zwischen zwei Variablen. Hier sollen im Speziellen die Kreuztabellenanalyse, Zusammenhangsmaße und die einfache Regressionsanalyse erläutert werden, da diese Verfahren in der Praxis häufig Anwendung finden.

Kreuztabellenanalyse

Mit der Erstellung zweidimensionalen Tabellen (Kreuztabellen) betritt man das Feld der bivariaten Statistik, d. h. man analysiert die Beziehung von zwei Variablen zueinander. Kreuztabellen (Mehrfeldertafeln) stellen die gemeinsame Häufigkeitsverteilung von zwei Variablen im Verhältnis dar. Eine der beiden Variablen wird über die Spalten und die andere über die Zeilen der Kreuztabelle dargestellt. Mit Hilfe von Kreuztabellen können Zusammenhänge zwischen Variablen identifiziert und im Anschluss mit einem Testverfahren auf statistische Sicherheit geprüft werden. Das bekannteste Testverfahren ist der Chi-Quadrat-Test. Näheres hierzu findet man im Kapitel »Induktive Statistik«. Tabelle 11 zeigt eine Kreuztabellenauswertung mit SPSS, in der die Variablen »Geschlecht« und »Bafögempfänger (ja/nein)« gegenübergestellt wurden.

Jedes Feld der Kreuztabelle steht für eine Fallgruppe, d. h. die Kombination von Merkmalsausprägungen der beiden analysierten Variablen. In Tabelle 11 handelt es sich um eine Kreuztabelle, in der zusätzlich die Zeilen-, Spalten- und Gesamtprozentzahlen aufgeführt sind. Analysiert man die Kreuztabelle, kann festgestellt werden, ob ein Zusammenhang zwischen den Variablen »Geschlecht« und »Bezug von BaföG« besteht. Das erste Feld der dargestellten Kreuztabelle kann folgendermaßen interpretiert werden:

- 4 Männer aus der Stichprobe empfangen Bafög
- 7,7 % aller Männer in der Stichprobe empfangen Bafög
- 26,7 % der Personen, die Bafög bekommen, sind Männer
- 3,2 % aller Probanden sind männlich und bekommen Bafög

Tabelle 11: Kreuztabelle über die Variablen Geschlecht und Bafögempfänger

Geschlecht * Bafögempfänger Kreuztabelle

			Bafögempfänger			Gesamt
			ja	nein	keine Angabe	
Geschlecht	männlich	Anzahl	4	46	2	52
		% von Geschlecht	7,7 %	88,5 %	3,8 %	100,0 %
		% von Bafögempfänger	26,7 %	45,5 %	25,0 %	41,9 %
		% der Gesamtzahl	3,2 %	37,1 %	1,6 %	41,9 %
	weiblich	Anzahl	11	55	6	72
		% von Geschlecht	15,3 %	76,4 %	8,3 %	100,0 %
		% von Bafögempfänger	73,3 %	54,5 %	75,0 %	58,1 %
		% der Gesamtzahl	8,9 %	44,4 %	4,8 %	58,1 %
Gesamt		Anzahl	15	101	8	124
		% von Geschlecht	12,1 %	81,5 %	6,5 %	100,0 %
		% von Bafögempfänger	100,0 %	100,0 %	100,0 %	100,0 %
		% der Gesamtzahl	12,1 %	81,5 %	6,5 %	100,0 %

Aus der oben angeführten Kreuztabelle kann gefolgert werden, dass in der Stichprobe mehr Frauen (8,9 %) BaföG beziehen als Männer (3,2 %). Ob dieser Zusammenhang auch für die Grundgesamtheit zutrifft oder die Unterschiede nur auf statistische Fehler zurückzuführen sind, kann über die induktive Statistik geprüft werden. Kreuztabellen benötigen kein besonderes Skalenniveau und können auch mit nominal-skalierten Daten aufgestellt werden.

Zusammenhangsmaße

Zusammenhangsmaße können für verschiedene Skalenniveaus gebildet werden. Sie ermitteln die Stärke des linearen Zusammenhangs (Korrelation, Assoziation) von Variablen und drücken sie in einer Maßzahl aus. Nimmt diese den Wert 0 an, sind die Variablen absolut unabhängig (es besteht kein Zusammenhang). Der Wert 1 hingegen kennzeichnet einen perfekten Zusammenhang. Für nominal-skalierte Variablen kann lediglich die Stärke des Zusammenhangs, jedoch nicht die Richtung errechnet werden, weil für diese keine eindeutige Ordnung existiert.

Für metrisch-skalierte Variablen ist es möglich, über eine Korrelationsanalyse die Stärke **und** die Richtung eines linearen Zusammenhangs zu bestimmen. Der Korrelationskoeffizient nach Pearson (r) ist das in der Praxis am häufigsten verwendete Korrelationsmaß, da es die Basis für eine große Anzahl von multivariaten Analyseverfahren schafft. Er kann Werte von -1 bis $+1$ annehmen, wobei der Wert -1 einen vollkommen gegenläufigen linearen Zusammenhang postuliert und der Wert $+1$ einen perfekten linearen Zusammenhang darstellt (vgl. Berekoven et al. 2006). Eine positive Korrelation (r > 0) zwischen zwei Variablen sagt aus, dass sich die Variablenwerte in die gleiche Richtung entwickeln, d. h. beispielsweise, dass mit zunehmendem Alter das Einkommen der Probanden ansteigt. Liegt eine negative Korrelation vor (r < 0), entwickeln sich die Variablenwerte gegenläufig. In anderen Worten zeigt die Größe des Messwertes die Stärke des Zusammenhangs und das Vorzeichen des Messwertes die Richtung des Zusammenhangs auf (vgl. Koch 2004). Wie auch für die Kreuztabellenanalyse kann mit Hilfe von Testverfahren (induktive Statistik) statistisch überprüft werden, ob der ermittelte Zusammenhang auch für die Grundgesamtheit angenommen werden kann. Die Nachteile des Korrelationskoeffizienten sind, dass er nicht-lineare Beziehungen nicht messen kann und manchmal so genannte Scheinkorrelationen auftreten, die eigentlich durch andere Merkmale verursacht werden.

Abhängig von der Skalierung der Variablen sind unterschiedliche Zusammenhangsmaße anzuwenden. Die wichtigsten Zusammenhangsmaße sind in der folgenden Tabelle aufgeführt. Soll der Zusammenhang von zwei Variablen gemessen werden, die ein unterschiedliches Skalenniveau besitzen, so ist das Zusammenhangsmaß des niedrigeren Messniveaus zu wählen. Zusammenhangsmaße sind abwärtskompatibel, d. h. Maße für nominal-skalierte Variablen können auch für metrische Variablen verwendet werden, bedeuten jedoch einen Informationsverlust.

Tabelle 12: Zusammenhangsmaße im Überblick (vgl. Brosius 2006; Pospeschill 2006; Janssen et al. 2007)

Zusammenhangsmaß	Besonderheiten	Ergebnisbereich
nominal-skalierte Variablen		
Phi Koeffizient	• nur für Vierfeldertafeln geeignet (2 x 2 Tabelle) • Koeffizienten unterschiedlicher Tabellenformen sind nicht vergleichbar	Wert zwischen 0 und 1
Cramers V	• kann für beliebig große Tabellen mit unterschiedlicher Zeilen- und Spaltenanzahl eingesetzt werden	
Kontingenzkoeffizient C	• Kontingenzkoeffizient C ist nur bei Tabellen gleicher Größe vergleichbar	
metrische Variablen		
Pearsons Korrelationskoeffizient	• gilt für lineare Beziehungen; abhängige und unabhängige Variable müssen min. intervallskaliert sein; Normalverteilung der Variablen notwendig	Wert zwischen −1 und +1

Als Interpretationsrichtlinie für Zusammenhangsmaße die zwischen 0 und 1 liegen, können die Werte in Tabelle 13 herangezogen werden. Die Interpretationslogik kann analog auch auf den Pearsonschen Korrelationskoeffizienten (Ergebnisbereich zwischen -1 und +1) angewendet werden. Es sollte jedoch beachtet werden, dass der Wert 0 weiterhin als »kein Zusammenhang« interpretiert werden muss. Negative Werte stellen hingegen einen negativen Zusammenhang dar und nicht einen noch geringeren Zusammenhang als 0.

Tabelle 13: Interpretationsrichtlinie für Zusammenhangsmaße

Messwert	Zusammenhang
0	kein Zusammenhang
über 0 bis unter 0,2	sehr schwach
0,2 bis unter 0,4	schwach
0,4 bis unter 0,6	mittel
0,6 bis unter 0,8	stark
0,8 bis unter 1	sehr stark
1	perfekt

Im Folgenden ist das Ergebnis einer mit SPSS durchgeführten Analyse der Variablen »Geschlecht (männlich/weiblich)« und »Raucher (ja, regelmäßig/ja, hin und wieder/nein, ich rauche nicht)« abgebildet. Da es sich hierbei um nominal-skalierte Variablen handelt, können lediglich nominale Zusammenhangsmaße eingesetzt werden.

Tabelle 14: Zusammenhangsanalyse über die Variablen Geschlecht und Raucher

Symmetrische Maße

		Wert	Näherungs-weise Signifikanz
Normal- bzgl.	Phi	,117	,428
Nominalmaß	Cramer-V	,117	,428
	Kontingenzkoeffizient	,116	,428
Anzahl der gültigen Fälle		125	

Die Zusammenhangsmaße geben an, wie stark der Zusammenhang zwischen der Variable »Geschlecht« und »Raucher« ausgeprägt ist. Aufgrund der Besonderheiten der verschiedenen Zusammenhangsmaße (siehe Tabelle 12) sollte zunächst überlegt werden, welche Maßzahlen verwendbar sind. Da es sich in obigem Beispiel um keine Vierfeldertafel handelt, sollte der Phi Koeffizient nicht eingesetzt werden. Die Maßzahl Cramers V kann in der Regel immer interpretiert werden. Der Messwert 0,117 sagt aus, dass zwischen den betrachteten Variablen nur ein sehr schwacher Zusammenhang besteht. In der letzten Spalte werden die Signifikanzwerte der Zusammenhangsmaße angegeben. Sie drücken aus, ob der ermittelte Zusammenhang auch auf die Grundgesamtheit übertragbar ist (siehe Kapitel – Induktive Statistik).

Einfache Regressionsanalyse

[handschriftliche Notiz: Zusammenhang > untersuchen / Abhängigkeit / Prognosen]

Die einfache Regressionsanalyse baut auf der Korrelationsanalyse auf und untersucht nicht den wechselseitigen Zusammenhang zwischen zwei Variablen, sondern die einseitige Beziehung zwischen einer abhängigen und einer unabhängigen Variablen (vgl. Koch 2004). Für die Regressionsanalyse müssen die Variablen ein metrisches Skalenniveau aufweisen und normalverteilt sein. Zudem muss zwischen ihnen ein linearer Zusammenhang bestehen. Die Regressionsanalyse wird in der Praxis verwendet, um Zusammenhänge zwischen Variablen zu erklären und Prognosen durchzuführen. Durch die Berechnung der Parameter einer so genannten Regressionsgeraden sollen Vorhersageregeln für bestimmte Variablen erstellt werden. Die Regressionsanalyse unterstellt dabei einen Einfluss der unabhängigen Variable »x« auf eine abhängige Variable »y« und bestimmt diesen Einfluss. Die generische Gleichung für die Regressionsgerade lautet wie folgt:

$$y = a + b \cdot x$$

mit: *a*: Regressionskonstante (Schnittpunkt der Regressionsgerade mit der Y-Achse)
     b: Regressionskoeffizient (Steigung der Regressionsgeraden)
     x: unabhängige Variable
     y: abhängige Variable

Durch die Regressionsanalyse sollen die Parameter »a« und »b« der Regressionsgeraden so gewählt werden, dass die Abweichung zwischen den empirisch (mit der Stichprobe) gemessenen Werten und den Werten auf der Geraden möglichst klein ist. Dieser Zusammenhang wird am Besten klar, wenn man die Verteilung der empirischen Werte in einem Streudiagramm darstellt und eine Regressionsgerade einzeichnet. Die Regressionsanalyse soll nun anhand von folgendem Beispiel erläutert werden:

Beispiel Regressionsanalyse

Untersuchungsproblem:

»Wie verändert sich die Absatzmenge von Produkt X, wenn die Ausgaben für Werbung erhöht werden?«

Durch die Regressionsanalyse soll geprüft werden, ob ein Zusammenhang zwischen den Variablen »Werbeausgaben« (unabhängig) und »Absatzmenge« (abhängig) besteht und ob auf Basis der Veränderung der unabhängigen Variablen eine möglichst zutreffende Schätzung der abhängigen Variablen durchgeführt werden kann. Die Ausgangshypothese dieser Untersuchung könnte wie folgt lauten: »Je höher die Ausgaben für Werbung für Produkt X, desto höher der Absatz.«

Auf Basis von Vergangenheitswerten konnte der Zusammenhang zwischen Werbeausgaben und Absatzmenge empirisch gemessen werden:

Messzeitpunkt	Werbeausgaben	Absatzmenge
1	4200 €	10644
2	2700 €	7404
3	4100 €	10309
4	3400 €	8560
5	5100 €	11020
6	4000 €	10131
7	2000 €	6841
8	2500 €	7349
9	2800 €	7526
10	5700 €	11540
11	3200 €	8234
12	5900 €	11997
13	2100 €	7270
14	3400 €	9010
15	2100 €	6539
16	3400 €	8539
17	2900 €	7532
18	3500 €	9581
19	3900 €	9836
20	4100 €	10404

Streudiagramme werden meistens als Startpunkt für die Regressionsanalyse verwendet. In einem Streudiagramm werden die Variablenwerte in einem Koordinatensystem gegeneinander abgetragen, d.h. jedes Wertepaar eines Falles wird durch einen Punkt im Diagramm dargestellt. Anhand eines Streudiagramms lässt sich schnell erkennen, ob ein Zusammenhang zwischen den Variablen besteht und wie dieser ausgeprägt ist (positiv/negativ). Bei der Regressionsanalyse wird die abhängige Variable stets auf der Y- und die unabhängige auf der X-Achse abgetragen. Im Streudiagramm in Abbildung 17 ist jede Fallkombination aus »Werbeausgaben« und »Absatzmenge« durch einen Punkt dargestellt. Es handelt sich dabei um die empirisch erhobenen Variablenwerte.

Die Aufgabe der Regressionsanalyse besteht nun darin, eine Gerade durch die Punktwolke zu legen, die sich der empirisch erhobenen Werteverteilung möglichst gut anpasst. Mit Hilfe dieser Gerade soll später aus einem gegebenen Wert für die unabhängige Variable »Werbeausgaben« die abhängige

Variable »Absatzmenge« geschätzt werden. Je besser sich die Regressionsgerade den empirisch gemessenen Werten im Streudiagramm anpasst, d.h.
möglichst kleine Abstände zwischen den empirisch gemessenen Werten und
den Werten auf der Regressionsgeraden, desto genauer ist die Schätzung der
abhängigen Variable »Absatzmenge« (vgl. Koch 2004).

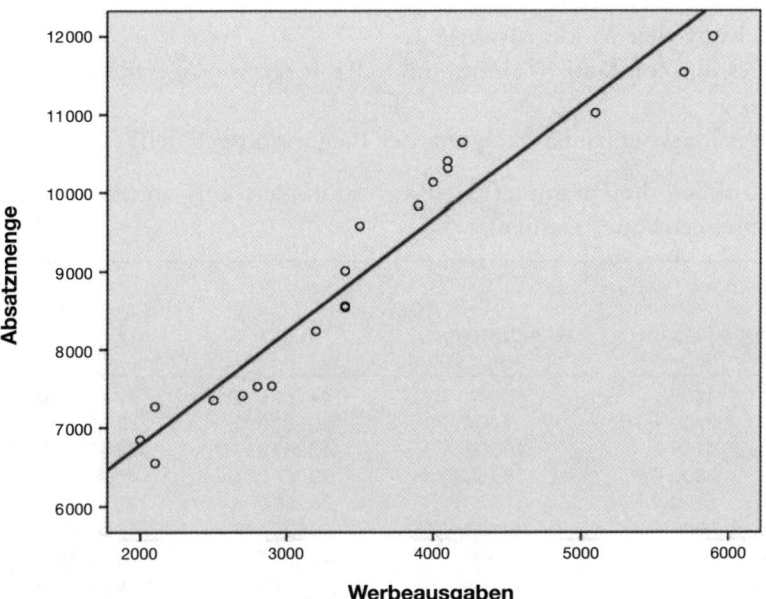

Abb. 17: Streudiagramm über die Variablen »Werbeausgaben« und »Absatzmenge«

Die meisten statistischen Analyseprogramme bieten die Möglichkeit, Streudiagramme zu erstellen, in denen Regressionsgeraden eingeblendet werden
können (siehe oben). Betrachtet man die Regressionsgerade in Abbildung 17
kann ein positiver linearer Zusammenhang zwischen den Variablen »Werbeausgaben« und »Absatzmenge« vermutet werden. Dies würde bedeuten, dass
mit einer Erhöhung der Werbeausgaben auch die Absatzmenge von Produkt
X steigt. Dieser Zusammenhang soll nun mit der Regressionsanalyse untersucht werden.

Zunächst müssen die Parameter für die Regressionsgerade bestimmt werden.
Man startet mit der allgemeine Formel für die Regressionsgerade:

$$y = a + b \cdot x$$

Da »y« (abhängige Variable) auf Basis der unabhängigen Variablen »x«
geschätzt werden soll, müssen die Parameter für »a« und »b« ermittelt werden,
um die Regressionsgleichung zu vervollständigen. Es werden folgende For-
meln eingesetzt:

$$a = \overline{y} - b\overline{x} \qquad b = \frac{\sum\limits_{i=1}^{n}(x_i y_i - n\overline{x}\overline{y})}{\sum\limits_{i=1}^{n}(x_i^2 - n\overline{x}^2)}$$

mit: n: Anzahl der Variablenwerte

$\overline{y}$: Mittelwert aller Merkmalswerte y_i

$\overline{x}$: Mittelwert aller Merkmalswerte x_i

a: Regressionskonstante (Schnittpunkt der Regressionsgerade mit der Y-Achse)

b: Regressionskoeffizient (Steigung der Regressionsgeraden)

Im Folgenden sollen die Parameter der Regressionsgleichung an oben angeführtem Beispiel errechnet werden:

Beispiel

Nr. (i)	Werbeausgaben (x_i)	Absatzmenge (y_i)	$x_i \cdot y_i$	x_i^2
1	4200 €	10644	44702915	17640000
2	2700 €	7404	19991032	7290000
3	4100 €	10309	42264937	16810000
4	3400 €	8560	29104075	11560000
5	5100 €	11020	56204036	26010000
6	4000 €	10131	40522456	16000000
7	2000 €	6841	13682860	4000000
8	2500 €	7349	18372977	6250000
9	2800 €	7526	21073289	7840000
10	5700 €	11540	65779942	32490000
11	3200 €	8234	26348831	10240000
12	5900 €	11997	70782490	34810000
13	2100 €	7270	15266120	4410000
14	3400 €	9010	30634648	11560000
15	2100 €	6539	13731821	4410000
16	3400 €	8539	29032550	11560000
17	2900 €	7532	21843027	8410000
18	3500 €	9581	33533754	12250000
19	3900 €	9836	38360047	15210000
20	4100 €	10404	42658230	16810000
	$\overline{x}$ 3550 €	$\overline{y}$ 9013	$\sum$ 673890037	$\sum$ 275560000

$n \cdot \overline{x}^2 = 20 \cdot 12\,602\,500 = 252\,050\,000$

$n\overline{x} \cdot \overline{y} = 639\,923\,000$

$$b = \frac{\sum\limits_{i=1}^{n}(x_i y_i - n\overline{x}\overline{y})}{\sum\limits_{i=1}^{n}(x_i^2 - n\overline{x}^2)} = \frac{673\,890\,037 - 639\,923\,000}{275\,560\,000 - 252\,050\,000} = \frac{33\,967\,037}{23\,510\,000} = 1,4448$$

$$a = \overline{y} - b\overline{x} = 9013 - 1{,}4448 \cdot 3550 = 3883{,}96$$

$$y = a + bx = 3883{,}96 + 1{,}4448x$$

Werbeausgaben von 6000 € müssten demnach einen Absatz in Höhe von 12 553 Stück nach sich ziehen ($y = 3883{,}96 + 1{,}4448 \cdot 6000 = 12\,553$).

Da es sich bei dem errechneten y-Wert lediglich um einen Schätzwert handelt und dieser mit Fehlern behaftet sein kann, soll hier noch kurz auf diese Thematik eingegangen werden. Zur Verdeutlichung soll wieder das Streudiagramm aus Abbildung 17 verwendet werden. Um die abhängige Variable »Absatzmenge« schätzen zu können, wird zunächst eine Schätzgerade für die abhängige Variable erstellt, ohne die Informationen der unabhängigen Variable »Werbeausgaben« zur berücksichtigen. Der beste Prognosewert für diese Schätzgerade ist der Mittelwert der abhängigen Variablen, mit anderen Worten die durchschnittliche Absatzmenge. Diese Schätzgerade wird in Abbildung 18 von der horizontalen Linie repräsentiert. Zieht man nun eine senkrechte Linie von der Schätzgeraden zu den einzelnen Variablenwerten im Streudiagramm, repräsentiert die Länge der Linie die Gesamtabweichung des jeweiligen Variablenwertes vom Mittelwert der abhängigen Variable

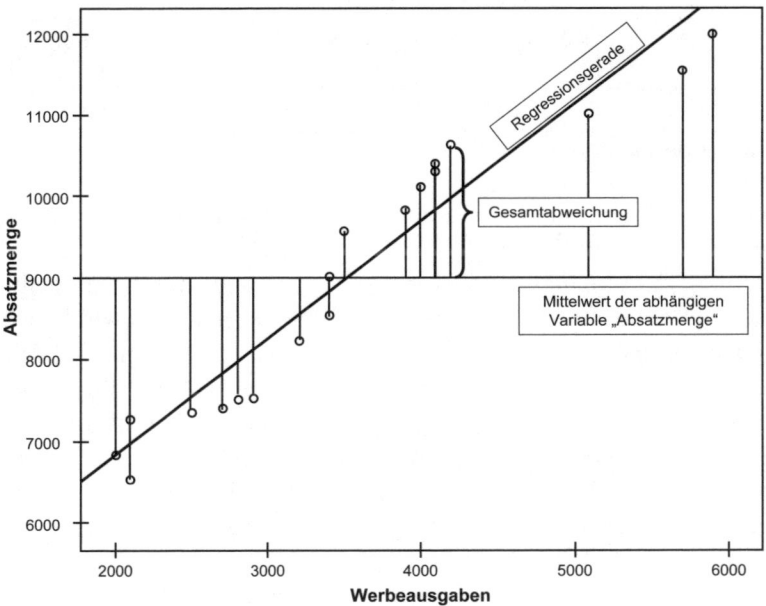

Abb. 18: Erklärte und nicht erklärte Abweichung

»Absatzmenge«. Ein Variablenwert oberhalb der Schätzgerade bedeutet also, dass zu diesem Messzeitpunkt eine überdurchschnittliche Absatzmenge erreicht wurde. Durch die Regressionsgerade bzw. durch die unabhängige Variable »Werbeausgaben« kann die Gesamtabweichung zu einem bestimmten Teil erklärt werden (Teil der senkrechten Linie von der Schätzgeraden bis zur Regressionsgeraden). Der andere Teil der Gesamtabweichung wird nicht erklärte Abweichung genannt. Er steht für den Prognosefehler der Schätzgeraden. Wird nun die abhängige Variable »Absatzmenge« durch die Regressionsgerade geschätzt, kann es sein, dass aufgrund der nicht erklärten Abweichung die reale Absatzmenge von der geschätzten abweicht.

Um die Ungenauigkeit in der Schätzung beschreiben zu können, werden so genannte Bestimmungsmaße errechnet, die den Einfluss der unabhängigen Variablen auf die abhängige Variable bestimmen (vgl. Koch 2004). Führt man die einfache Regressionsanalyse mit Hilfe von statistischen Analyseprogrammen durch, wird das Bestimmtheitsmaß in der Regel automatisch mitberechnet. Im Folgenden soll das oben aufgeführte Beispiel nochmals mit den Ergebnissen des statistischen Analyseprogramms SPSS erläutert werden.

Tabelle 15: Güte des Regressionsmodells

Model Summary

Model	R	R Square	Adjusted R Square	Std. Error of the Estimate
1	966[a]	,933	,929	441,558

a. Predictors: (Constant), Werbeausgaben

Tabelle 15 zeigt eine Zusammenfassung der Regressionsanalyse. Hier interessiert besonders das Bestimmtheitsmaß »R Square«, das angibt, wie viel der Gesamtabweichung der abhängigen Variable »Absatzmenge« durch die unabhängige Variable »Werbeausgaben« erklärt wird. Der Wert kann zwischen 0 und 1 schwanken – es gilt, je größer desto besser. Der Wert 0,933 gibt an, dass 93,3 % der Gesamtabweichung der Variable »Absatzmenge« durch die unabhängige Variable »Werbeausgaben« erklärt werden können. Das Bestimmtheitsmaß misst die Güte des Regressionsmodells und postuliert in obigem Beispiel eine hohe Güte. Nimmt das Bestimmtheitsmaß einen Wert von 1 an, würde das bedeuten, dass die gesamte Abweichung der abhängigen Variablen durch das Regressionsmodell erklärt werden kann und alle beobachteten Werte der Stichprobe exakt auf der Regressionsgeraden liegen. Das korrigierte Bestimmtheitsmaß (Adjusted R Square) wird nur interpretiert, wenn es sich um eine Regressionsanalyse mit mehr als einer unabhängigen Variablen handelt.

Tabelle 16: Ergebnis der Varianzanalyse

ANOVA[b]

Model		Sum of Squares	df	Mean Square	F	Sig.
1	Regression	4,901E7	1	4,901E7	251,355	,000[a]
	Residual	3,510E6	18	194973,440		
	Total	5,252E7	19			

a. Predictors: (Constant), Werbeausgaben
b. Dependent Variable: Absatzmenge

Tabelle 16 zeigt die Ergebnisse der Varianzanalyse, die immer im Rahmen einer Regressionsanalyse durchgeführt wird. Für die Regressionsanalyse interessiert hier nur der Signifikanzwert (Sig.). Er zeigt an, ob die unabhängige Variable »Werbeausgaben« dazu geeignet ist, die abhängige Variable »Absatzmenge« vorherzusagen. Die Varianzanalyse ergibt eine Irrtumswahrscheinlichkeit (Gegenteil von Vertrauenswahrscheinlichkeit; siehe Kapitel – Sampling-Plan erstellen) von 0,0 %, d. h. dass das Regressionsmodell zur Vorhersage der abhängigen Variable »Absatzmenge« geeignet ist.

Tabelle 17: Parameter der Regressionsgeraden

Coefficients[a]

Model		Unstandardized Coefficients		Standardized Coefficients	t	Sig.
		B	Std. Error	Beta		
1	(Constant)	3887,858	338,029		11,502	,000
	Werbeausgaben	1,444	,091	,966	15,854	,000

a. Dependent Variable: Absatzmenge

Tabelle 17 zeigt die Parameter der Regressionsgeraden in der Spalte »Unstandardized Coefficients«. Der Wert für die Regressionskonstante (a) beträgt »3887,86« und der Wert für den Regressionskoeffizienten (b) »1,444«. Vergleicht man das Ergebnis der manuellen Berechnung im Beispiel oben und das Ergebnis der Berechnungen des statistischen Analyseprogramms stellt man fest, dass die Parameter bis auf einige Rundungsunschärfen identisch sind.

$$y = a + bx = 3887,86 + 1,444 \cdot x$$

SPSS liefert zusätzlich zu den Gleichungsparametern eine Maßzahl für die Irrtumswahrscheinlichkeit (Sig.) und für die Stärke (Beta) des festgestellten Zusammenhangs. Mit einer Irrtumswahrscheinlichkeit von 0,0 % kann der Zusammenhang zwischen der Variable »Werbeausgaben« und der Variable

»Absatzmenge« auch für die Grundgesamtheit angenommen werden. Es besteht zudem ein sehr starker Zusammenhang zwischen den beiden Variablen (0,966). Abschließend lässt sich die Ausgangshypothese, dass die Höhe der Werbeausgaben einen großen Einfluss auf die Absatzmenge von Produkt X ausübt, bestätigen. Je höher die Werbeausgaben, desto höher die Absatzmenge.

Tipps & Tricks

- Im Rahmen von bivariaten Analysen werden von statistischen Auswertungsprogrammen auch Signifikanzwerte (siehe Kapitel – Induktive Statistik) berechnet, die sofort mit interpretiert werden sollten.

4-2c Multivariate Analysemethoden

Multivariate Analysemethoden untersuchen mehr als zwei Variablen. Der Einsatz von multivariaten Analysemethoden hängt stark von der Art der Untersuchungsobjekte, der Anzahl der Variablen, der Abhängigkeit zwischen ihnen und dem Skalenniveau der Variablen ab. Man unterscheidet Dependenz- und Interdependenzanalysen.

Dependenzanalysen untersuchen die Zusammenhänge zwischen mehreren abhängigen und unabhängigen Variablen und können nur eingesetzt werden, wenn ein kausaler Zusammenhang zwischen den Variablen vermutet werden kann. Die wichtigsten Verfahren der Dependenzanalyse sind die Kontingenzanalyse, die Diskriminanzanalyse, die Varianzanalyse und die multiple Regressionsanalyse. Folgende Matrix zeigt, welche Dependenzanalysen in welchem Fall eingesetzt werden:

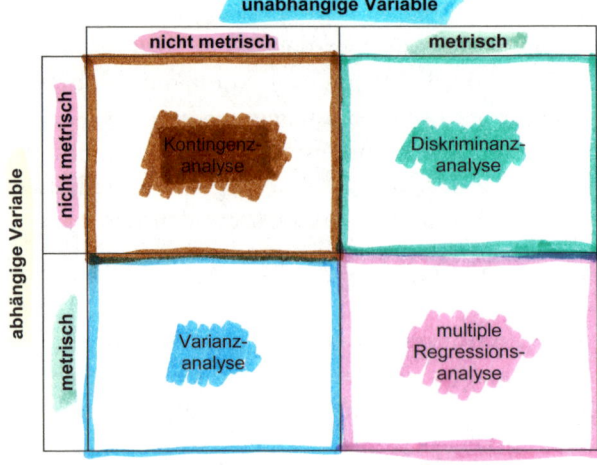

Abb. 19:
Dependenzanalysen
(vgl. Kamenz 2001)

Die Verfahren der Interdependenzanalyse unterscheiden nicht zwischen abhängigen und unabhängigen Variablen, sondern unterstellen eine wechselseitige Beziehung ohne eine Richtung vorzugeben. Sie werden eingesetzt, um die erhobenen Daten auf bestehende Strukturen zwischen den Variablen zu untersuchen (vgl. Kamenz 2001). Zu den wichtigsten Verfahren der Interdependenzanalyse zählen die Clusteranalyse, die Faktorenanalyse, die multidimensionale Skalierung und die Conjoint Analyse.

Folgende Tabelle gibt eine kurze Beschreibung zu den wesentlichen multivariaten Analyseverfahren (vgl. Backhaus et al. 2006):

Tabelle 18: Multivariate Analyseverfahren

Verfahren		Beschreibung
Dependenzverfahren	Kontingenzanalyse	Die Kontingenzanalyse entspricht einer Kreuztabellenanalyse für den Mehrvariablenfall und versucht Zusammenhänge zwischen mehreren Variablen zu identifizieren und diese auf statistische Signifikanz zu prüfen. **Beispielfragestellung:** *Besteht zwischen dem Geschlecht, dem Alter und der Markenwahl ein systematischer Zusammenhang?*
	Diskriminanzanalyse	Die Diskriminanzanalyse hat zur Aufgabe, zwei oder mehrere Gruppen von Merkmalsträgern so zu trennen, dass die Unterschiede zwischen den Gruppen anhand unabhängiger Variablen erklärt werden können. **Beispielfragestellung:** *Unterscheiden sich Kunden eines Unternehmens von Nicht-Kunden hinsichtlich ihres Alters und der Größe des Haushalts, in dem sie leben?*
	Varianzanalyse	Die Varianzanalyse untersucht, ob sich Gruppen von Merkmalsträgern in ein oder mehreren Merkmalen signifikant unterscheiden (vgl. Berekoven et al. 2006). Hierzu wird die Varianz innerhalb der Gruppen mit der Varianz zwischen den Gruppen verglichen. Je geringer die Varianz in den Gruppen und je größer die Varianz zwischen den Gruppen, desto mehr unterscheiden sich die Gruppen. **Beispielfragestellung:** *Haben die Art der Verpackung und die Wahl des Absatzweges einen Einfluss auf die Absatzmenge?*
	Multiple Regressionsanalyse	Die multiple Regressionsanalyse entspricht der einfachen Regressionsanalyse für den Mehrvariablenfall. Es wird die Abhängigkeit einer abhängigen metrischen Variablen von mehreren unabhängigen metrischen Variablen untersucht. **Beispielfragestellung:** *Wie verändert sich die Absatzmenge von Produkt X, wenn die Werbeausgaben um 20 % erhöht werden und der Preis um 10 % erhöht wird?*

Verfahren		Beschreibung
Interdependenzverfahren	**Faktorenanalyse** *Merkmalsre- duktion ist UG*	Die Faktorenanalyse ist ein <u>dimensionsreduzierendes Verfahren</u> und hat die Aufgabe eine <u>große Anzahl von Variablen auf</u> eine <u>geringe Anzahl</u> von weitestgehend unabhängigen Variablen, so genannten Faktoren, <u>zu reduzieren.</u> **Beispielfragestellung:** *Lässt sich die Vielzahl der Eigenschaften, die Käufer von Automobilen als wichtig empfinden, auf wenige komplexe Faktoren reduzieren?*
	Clusteranalyse *Gruppenbild- ung ist UG*	Ziel der Clusteranalyse ist es, die Untersuchungsobjekte entsprechend ihrer Merkmalsausprägung so <u>in Gruppen (= Cluster) zu teilen,</u> bzw. die einzelnen Objekte so zu Gruppen zusammenzufassen, <u>dass die einzelnen Gruppen in sich möglichst homogen, die Unterschiede zwischen den Gruppen aber möglichst groß sind</u> (vgl. Berekoven et al. 2006). **Beispielfragestellung:** *Nach welchen Kriterien können die Kunden eines Automobilherstellers in Gruppen eingeteilt werden?*
	Multidimensionale Skalierung *Ähnlichkeit ist UG ⇒ Positionierung*	Die Multidimensionale Skalierung wird eingesetzt, um <u>Untersuchungsobjekte anhand deren Beziehung zueinander in einem mehrdimensionalen Raum zu positionieren.</u> **Beispielfragestellung:** *Welches Image besitzen die Premium-Automobilhersteller?*
	Conjoint Analyse *Präferenz ist UG*	Ziel der Conjoint Analyse ist es, <u>den Beitrag einzelner Merkmale von Produkten oder sonstigen Objekten zum Gesamtnutzen dieser Objekte herauszufinden.</u> **Beispielfragestellung:** *Welchen Beitrag liefert die Verpackung von Produkt X zum Gesamtnutzen von Produkt X für die Kunden?*

Aufgrund der hohen Relevanz der Faktorenanalyse und der Clusteranalyse in der Praxis sollen diese beiden Verfahren im Anschluss noch vertieft beschrieben werden.

Faktorenanalyse

Die Faktorenanalyse zählt zur Gruppe der dimensionsreduzierenden Analyseverfahren. Das Ziel dieser Verfahren ist es, eine große Anzahl an Variablen auf wenige Hintergrundvariablen, auch <u>Faktoren oder Supervariablen</u> genannt, zu reduzieren. Durch die Faktorenanalyse kann das komplexe Antwortverhalten der Probanden, das durch eine Vielzahl von Variablen abgebildet wird, <u>handhabbar und interpretierbar gemacht werden</u> (vgl. Brosius

2006). Sie wird beispielsweise eingesetzt, um verschiedene Einzelbewertungen zu einer übergeordneten Gesamtbewertung zusammenzufassen. Dabei stellt sich oft die Frage, ob Einzelbewertungen überhaupt zu einem übergeordneten Faktor zusammengefasst werden können bzw. wie viele Faktoren benötigt werden, um die Einzelaussagen ohne Informationsverlust zu komprimieren – auch diese Fragen werden im Rahmen der Faktorenanalyse beantwortet. Die inhaltliche Interpretation und Benennung der ermittelten Faktoren ist dann Aufgabe des Untersuchungsteams. Im Folgenden soll mit der Faktorenanalyse exemplarisch das Nutzungsverhalten von Automobilbesitzern untersucht werden.

Beispiel zur Faktorenanalyse

Anhand von acht Aussagen mussten die Testpersonen ihr Fahrzeugnutzungsverhalten auf einer 6-stufigen Rating-Skala bewerten.

	trifft voll und ganz zu				trifft überhaupt nicht zu	
• Ich fahre meistens alleine.	❑	❑	❑	❑	❑	❑
• Ich fahre meistens mit Kindern	❑	❑	❑	❑	❑	❑
• Ich befahre meistens mir unbekannte Strecken.	❑	❑	❑	❑	❑	❑
• Ich telefoniere viel im Fahrzeug.	❑	❑	❑	❑	❑	❑
• Ich fahre mit meinem Pkw regelmäßig zum Arbeitsplatz.	❑	❑	❑	❑	❑	❑
• Ich fahre mit meinem Pkw häufig auf der Autobahn.	❑	❑	❑	❑	❑	❑
• Ich fahre mehrmals im Jahr mit meinem Fahrzeug ins Ausland.	❑	❑	❑	❑	❑	❑
• Ich fahre meistens mit meinem Pkw in den Urlaub.	❑	❑	❑	❑	❑	❑

Diese 8 Items sollen nun durch die Faktoranalyse zu wenigen Faktoren zusammengefasst werden.

Die Faktorenanalyse umfasst vier Schritte, die nun im Folgenden für das oben angegebene Beispiel durchlaufen werden:

1. Berechnung der Korrelationsmatrizen

Als erstes werden die Zusammenhänge zwischen den Variablen untersucht. Dazu wird für jede Variablenkombination eine Korrelationsanalyse durchgeführt. Ein starker Zusammenhang zwischen den Variablenkombinationen gibt bereits erste Hinweise, dass Variablen zu einem gemeinsamen Faktor zusammengefasst werden können. Zusätzlich wird ein Signifikanztest durchgeführt, der beurteilen soll, ob die identifizierten Korrelationen auch für die Grundgesamtheit angenommen werden können.

2. Extraktion der Faktoren

Auf Basis der Korrelationsanalyse werden im zweiten Schritt der Faktorenanalyse die Faktoren gebildet. Die kumulierte Streuung der Variablen, die in die Faktoranalyse einbezogen werden, nennt man Gesamtstreuung. Bei der Extraktion von Faktoren wird das Ziel verfolgt, mit möglichst wenigen Faktoren einen möglichst großen Teil der Gesamtstreuung der untersuchten Variablen zu erklären. Je höher der Grad der erklärten Gesamtstreuung, desto besser ist die Qualität des Faktormodells. Dies führt zu einem Zielkonflikt zwischen Quantität und Qualität der extrahierten Faktoren. Je höher die Anzahl der Faktoren, desto besser werden die untersuchten Variablen erklärt. Da das Ziel der Faktorenanalyse jedoch eine Dimensionsreduktion ist, sollten so wenige Faktoren wie möglich extrahiert werden. Es werden nur diejenigen Faktoren extrahiert, die den größten Beitrag zur Erklärung der Gesamtstreuung liefern. Der Anteil an der Gesamtstreuung aller beobachteten Variablen, der durch einen Faktor erklärt wird, nennt man Eigenwert des Faktors. Für das oben genannte Beispiel wurden drei Faktoren extrahiert, die nun im nächsten Schritt durch Faktorladungen beschrieben werden müssen.

3. Berechnung der Faktorladungen

Nach der Extrahierung der Faktoren wird für jede Faktor–Variablen-Kombination eine Faktorladung berechnet. Faktorladungen beschreiben die Beziehung der Faktoren zu den untersuchten Variablen und werden zur Interpretation der Faktoren herangezogen. Je höher die Faktorladung, desto stärker ist der Zusammenhang zwischen der Variable und dem Faktor. Die Faktorladung kann Werte von −1 bis +1 annehmen, während die positive oder negative Ausprägung die Richtung des Zusammenhangs zwischen Variable und Faktor beschreibt. Faktoren sind leicht zu interpretieren, wenn einige Variablen, die untereinander eine homogene Bedeutung haben, hoch auf ihn laden und gleichzeitig die Ladungen der anderen Variablen auf diesen Faktor gering sind (vgl. Brosius 2006). In Tabelle 19 sind für oben aufgeführtes Beispiel die Faktorladungen aufgeführt. Sie sind nach ihrer Größe sortiert und werden nur angezeigt, wenn sie den Grenzwert 0,5 überschreiten, da erst über einem Wert von 0,5 von einem bedeutenden Zusammenhang zwischen Faktor und Variable ausgegangen werden kann.

Die Komponenten 1, 2 und 3 in Tabelle 19 stehen für die in Schritt 2 extrahierten Faktoren. Anhand der Faktorladungen in Tabelle 19 kann man sich schnell einen Überblick verschaffen, welche Variablen durch welche Faktoren erklärt werden. Der erste Faktor erklärt beispielsweise die ersten drei Variablen, wobei die Variablen »Ich befahre meistens mir unbekannte Strecken« und »Ich telefoniere viel im Fahrzeug« relativ hohe Faktorladungen aufweisen und die Faktorladung der Variable »Ich fahre mit meinem Pkw häufig auf der Autobahn« nur knapp über dem Grenzwert von 0,5 liegt und somit eine geringere Bedeutung für diesen Faktor hat. Dies bedeutet, dass zwischen den ersten beiden Variablen und dem ersten Faktor ein starker Zusammenhang besteht. Die Variable *»Ich fahre meistens mit Kindern«* hingegen ist vollständig aus der Analyse entfernt worden, weil sie durch keinen Faktor ausreichend erklärt werden kann. An dieser Stelle sollte bereits mit der Interpretation der Faktoren begonnen werden. Eine Interpretation für Faktor 1 könnte beispielsweise folgendermaßen lauten: Faktor 1 beschreibt Testpersonen, die meistens unbekannte Strecken befahren, viel im Fahrzeug telefonieren und häufig auf der Autobahn unterwegs sind. Es handelt sich möglicherweise um Personen, die aufgrund ihres Berufes einen großen Teil ihrer Zeit im Auto verbringen müssen und lange Wegstrecken zurücklegen. Aufgrund dieser Konstellation machen sie ihr Fahrzeug zum mobilen Büro und tätigen dort ihre Telefongespräche.

Tabelle 19: Faktorladungsmatrizen

Rotierte Komponentenmatrik[a]

	Komponente		
	1	2	3
Ich befahre meistens mir unbekannte Strecken	,818		
Ich telefoniere viel im Fahrzeug	,756		
Ich fahre mit meinem Pkw häufig auf der Autobahn	,570		
Ich fahre meistens mit meinem Pkw in den Urlaub		,801	
Ich fahre mehrmals im Jahr mit meinem Fahrzeug ins Ausland		,667	
Ich fahre meistens mit Kindern			
Ich fahre mit meinem Pkw regelmäßig zum Arbeitsplatz			,779
Ich fahre meistens alleine			,645

Extraktionsmethode: Hauptkomponentenanalyse
Rotationsmethode: Equamax mit Kaiser-Normalisierung.
a. Die Rotation ist in 5 Iterationen konvergiert.

Die Interpretation der Faktoren muss durch das Untersuchungsteam geleistet und sehr sorgfältig durchgeführt werden, da Fehlinterpretationen die Untersuchungsergebnisse verzerren würden.

4. Erstellung der Faktorwerte

Der letzte Schritt der Faktorenanalyse ist die Berechnung von Faktorwerten. Faktorwerte werden für jeden Fall (Testperson) und jeden Faktor errechnet. Die Faktorwerte bestimmen, wie das Fahrzeugnutzungsverhalten jeder Testperson anhand der drei identifizierten Faktoren interpretiert werden muss. Die Interpretation des Faktorwerts eines Probanden muss immer im Verhältnis zu den Faktorwerten der übrigen Probanden durchgeführt werden. Als Faustregel gilt, dass positive Faktorwerte eine überproportionale Ausprägung und negative Faktorwerte eine unterproportionale Ausprägung des Faktors ausdrücken. Wird für Probanden ein Faktorwert von »0« errechnet, entspricht die Ausprägung des Faktors dem Durchschnitt über alle Probanden. Abbildung 20 veranschaulicht das Verhältnis zwischen Faktorwerten, Faktoren und Faktorladungen.

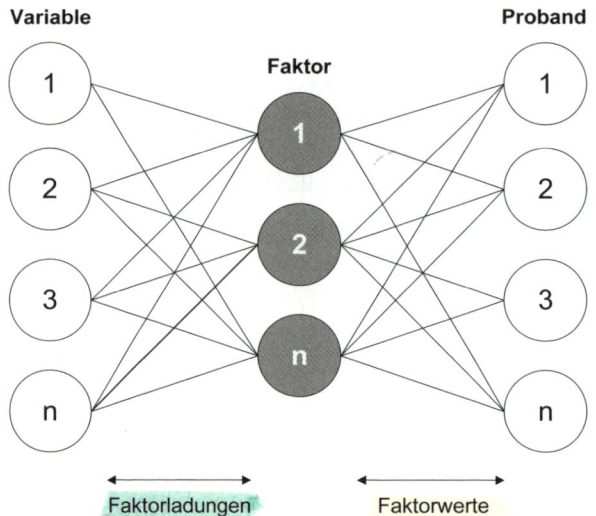

Abb. 20: Verhältnis zwischen Faktorladungen und Faktorwerten

Die Faktorladungen beschreiben den Zusammenhang zwischen den extrahierten Faktoren und den untersuchten Variablen. Die Faktorwerte hingegen bestimmen für jeden Probanden die Ausprägung der Faktoren.

Clusteranalyse

Das Ziel der Clusteranalyse ist es, die Merkmalsträger (Elemente) aufgrund ihrer Ähnlichkeit bezüglich ausgewählter Variablen zu Gruppen zusammenzufassen. Ein gutes Clusterergebnis liegt vor, wenn die Merkmalsausprägungen der Merkmalsträger in einem Cluster sehr homogen sind, die Cluster zueinander jedoch sehr heterogene Merkmalsausprägungen aufweisen. Clusteranalysen werden häufig zur Kundensegmentierung verwendet, um auf Basis der ermittelten Cluster zielgruppenspezifische Marketingmaßnahmen einzuleiten. Im Wesentlichen werden drei verschiedene Methoden zur Clusterung von Untersuchungsobjekten unterschieden – die hierarchische Clusteranalyse, die Clusterzentrenanalyse und die Two-Step-Clusteranalyse."

Die hierarchische Clusteranalyse ist sowohl für kleine als auch große Datenmengen geeignet und kann metrische und nicht metrische Variablen verarbeiten. Die Bestimmung der Clusterzugehörigkeit erfolgt bei diesem Verfahren durch die Berechnung von Distanzmaßen. Abhängig von der Skalierung der untersuchten Variablen müssen unterschiedliche Distanzmaße verwendet werden. Die hierarchische Clusteranalyse hat den Vorteil, dass sie dem Anwender viele Freiheiten bei der Festlegung der Untersuchungsparameter gibt. Als Nachteil muss erwähnt werden, dass das Verfahren sehr zeitaufwendig und langsam ist.

Die Clusterzentrenanalyse (Quick-Cluster) ist auf große Datenumfänge spezialisiert und kann lediglich metrische Daten verarbeiten. Im Gegensatz zum hierarchischen Verfahren basiert die Clusterzentrenanalyse auf einem einfacheren Rechenalgorithmus, der auch große Datenmengen mit einem akzeptablen Rechenaufwand bewältigen kann. Der Algorithmus erfordert jedoch, dass die Anzahl der Cluster bereits feststeht. Die Nachteile des Verfahrens sind die geringe Individualisierbarkeit und die fehlende Transparenz bei der Berechnung der Clusterzugehörigkeit.

Die Two-Step-Clusteranalyse ist eine Mischform der zuvor genannten Verfahren und wird im Folgenden ausführlicher erläutert. Sie kann große Datenumfänge verarbeiten, metrische und nicht metrische Variablen analysieren und bietet die Möglichkeit, die optimale Anzahl an Clustern zu berechnen. Im Vergleich zu den anderen Verfahren ist die Two-Step-Clusteranalyse sehr vielseitig und zeichnet sich durch eine hohe Benutzerfreundlichkeit aus. Durch den hohen Standardisierungsgrad muss jedoch in Kauf genommen werden, dass Untersuchungsparameter nur in geringem Maß an die individuellen Bedürfnisse angepasst werden können und die Clusterbildung weniger präzise erfolgt als beim hierarchischen Verfahren.

Bei der Durchführung einer Clusteranalyse werden im Allgemeinen vier Schritte durchlaufen, die am Beispiel der Two-Step-Clusteranalyse erklärt werden sollen.

Beispiel Clusteranalyse

»Studenten sollen nach deren Nutzung des Hochschulsportangebotes in Gruppen eingeteilt werden.«

1. Auswahl der Merkmale

Im ersten Schritt wird festgelegt, anhand welcher Variablen die Gruppenbildung erfolgen soll. Dies hängt von der bearbeiteten Problemstellung und den erhobenen Daten ab. Für das klassische Anwendungsgebiet der Kundensegmentierung bietet es sich beispielsweise an, demografische (z. B. Alter) und soziografische Faktoren (z. B. Einkaufsverhalten) als Segmentierungsmerkmale zu verwenden. Für das oben aufgeführte Beispiel werden folgende Variablen in die Clusteranalyse einbezogen:

Tabelle 20: Merkmale zur Segmentierung

Variable	Skalierungsniveau
Nutzung des Sportangebots an der Fachhochschule Ingolstadt; Auflistung der angebotenen Sportarten	nicht metrisch
Geschlecht	nicht metrisch
Alter	metrisch
Anzahl der in Anspruch genommenen Sportangebote	metrisch

Die Auswahl der Variablen erfolgt auf Basis von logischen Überlegungen oder deskriptiven Analyseergebnissen.

2. Aufbereitung der Daten

Im zweiten Schritt müssen die Variablen aufbereitet werden, um den Anforderungen des Clusterungsverfahrens zu genügen. Die Two-Step-Clusteranalyse stellt folgende Anforderungen an die Variablen:

- **Standardisierte Variablen**
  Da die Variablen in unterschiedlichen Ausprägungen gemessen werden, müssen sie für die Clusteranalyse standardisiert werden, um Verzerrungen durch die Unterschiede der absoluten Werte zu vermeiden.
- **Zufallssortierung**
  Die Two-Step-Clusteranalyse untersucht die Untersuchungsfälle Schritt für Schritt, d. h. zuerst wird der erste Fall einem Cluster zugeordnet, dann der zweite usw. Sind die Fälle nach einem bestimmen Muster sortiert, kann dadurch die Clusterzuordnung beeinflusst werden. Um dies zu vermeiden, sollten die Fälle vor Durchführung der Clusteranalyse zufällig sortiert werden.
- **Normalverteilung oder multinomiale Verteilung**
  Diese Forderung gilt nur für die Verwendung von bestimmten Distanzmaßen zur Berechnung der Clusterzuordnung und soll hier nicht näher erläutert werden.

Sind nicht alle der oben genannten Voraussetzungen erfüllt, kann die Two-Step-Clusteranalyse trotzdem durchgeführt werden, weil sie relativ robust gegenüber Verletzung reagiert.

3. Durchführung der Clusteranalyse

Hierzu müssen im jeweiligen statistischen Analyseprogramm die Parameter der Clusteranalyse festgelegt und die Analyseprozedur gestartet werden.

4. Interpretation und Bewertung der Ergebnisse

Die Two-Step-Clusteranalyse kommt für unser Beispiel zu folgendem Ergebnis:

Tabelle 21: Clusterverteilung

Clusterverteilung

		N	% der Kombination	% der Gesamt-summe
Cluster	1	66	53,7 %	51,2 %
	2	57	46,3 %	44,2 %
	Kombiniert	123	100,0 %	95,3 %
Ausgeschlossene Fälle		6		4,7 %
Gesamtwert		129		100,0 %

Es konnten zwei Cluster identifiziert werden, in den sich jeweils 54 % und 46 % der Testpersonen befinden. Die Beschreibung der Cluster erfolgt nun mit Hilfe der deskriptiven Statistik. Tabelle 22 zeigt eine mögliche Lösung für die Beschreibung der identifizierten Cluster.

Es kann festgestellt werden, dass die Probanden in Cluster 2 die aktiveren Studenten sind, die sich größtenteils noch im Grundstudium befinden und besonders an Mannschaftssportarten wie z. B. Volleyball, Fußball und Basketball teilnehmen. Die Studenten in Cluster 1 haben ein höheres Durchschnittsalter (Ø 24 Jahre) und befinden sich bereits im Hauptstudium. Aerobic und Fitness stehen bei ihnen an erster Stelle, während Fußball oder Volleyball nur von einem sehr geringen Teil in Anspruch genommen werden.

Aus diesen Clusterprofilen können nun Schlussfolgerungen abgeleitet werden, um beispielsweise das Sportangebot besser auf die Studentenbedürfnisse auszurichten. Des Weiteren könnte analysiert werden, weshalb sich das Nutzungsverhalten des Sportangebots zwischen den Studenten im Hauptstudium und den Studenten im Grundstudium unterscheidet. Mögliche Gründe hierfür sind beispielsweise die steigenden Leistungsanforderungen im Hauptstudium oder die in letzter Zeit intensivere Werbung für das Ballsportangebot der Hochschule.

Tabelle 22: Interpretation der Cluster

	Cluster 1	Cluster 2
Alter	Ø 24 Jahre	Ø 21 Jahre
Semesteranzahl	Hauptstudium (5., 7. und 9. Semester)	Grundstudium (1. und 3. Semester)
Anzahl der in Anspruch genommenen Sportangebote	Ø 0,5 pro Proband	Ø 0,9 pro Proband
Prozent der Probanden im Cluster, die an der jeweiligen Sportart teilnehmen		
Aerobic	14 %	11 %
Badminton	0 %	11 %
Basketball	0 %	12 %
Fechten	0 %	4 %
Fitness	9 %	7 %
Fußball	5 %	14 %
Lauftreff	3 %	5 %
Volleyball	2 %	16 %

Tipps & Tricks

- Um im Rahmen von Clusteranalysen tragfähige Ergebnisse zu generieren, ist es zu empfehlen, die Vielzahl der Variablen, die theoretisch in eine Clusteranalyse eingebracht werden können, über eine Faktorenanalyse (insbesondere bei Itembatterien) auf wenige »Supervariablen« zu reduzieren.
- Clusteranalysen sind als Basis für die Kundensegmentierung unerlässlich.
- Besonders bei den multivariaten Verfahren sollte sichergestellt sein, dass die verwendeten Variablen den Anforderungen der jeweiligen Verfahren genüge tun. Ist dies nicht der Fall, können die Ergebnisse verzerrt werden.
- Je nach Untersuchungsziel und Datenlage ist zu prüfen, welche Art der Clusteranalyse durchgeführt werden sollte.

4-3   Induktive Statistik

Die Verfahren der induktiven Statistik prüfen im Wesentlichen, ob sich aus Kennzahlen, die auf Basis einer per Zufallsauswahl gebildeten Stichprobe berechnet wurden, Verallgemeinerungen für die Grundgesamtheit ableiten lassen. Des Weiteren kann mittels der induktiven Statistik geprüft werden, ob die Voraussetzungen für die Anwendung von bestimmten multivariaten Analyseverfahren gegeben sind (z. B. Voraussetzung einer Normalverteilung der Variablenwerte). Eine weitere Möglichkeit ist es mit statistischen Testverfahren u. a. Annahmen über gewisse Parameter (z. B. Mittelwerte, Standardabweichung) einer hypothetischen Verteilung (z. B. Normalverteilung) oder auch Annahmen über Verteilungen selbst zu prüfen (vgl. Berekoven et al. 2006). Letztere werden als Parameter- und Anpassungstests bezeichnet.

Ausgangspunkt für statistische Testverfahren ist eine statistische Hypothese, die stets als Hypothesenpaar, bestehend aus einer Nullhypothese (H_0) und einer Alternativhypothese (H_1) formuliert wird. Während die Alternativhypothese beispielsweise bei einer Zusammenhangshypothese einen Zusammenhang (Kovarianz) zwischen zwei Variablen postuliert, negiert die Nullhypothese die Alternativhypothese und unterstellt damit keinen Zusammenhang zwischen den beiden Variablen.

Beispiel

Eine Alternativhypothese könnte folgendermaßen lauten:

»Es besteht ein Zusammenhang zwischen dem Alter und dem monatlichen Einkommen in der Grundgesamtheit.«

Um diese Hypothese statistisch prüfen zu können, wird eine Nullhypothese formuliert, welche wie folgt lauten könnte:

»Es besteht kein Zusammenhang zwischen dem Alter und dem monatlichen Einkommen in der Grundgesamtheit.«

Die statistischen Testverfahren prüfen, ob die Nullhypothese abgelehnt und somit die Aussage der Alternativhypothese angenommen werden kann. Hierfür wird ein so genannter Signifikanzwert (Irrtumswahrscheinlichkeit) errechnet, der ausdrückt, wie wahrscheinlich es ist, durch eine Ablehnung der Nullhypothese einen Fehler zu begehen. Je kleiner diese Irrtumswahrscheinlichkeit, desto valider ist es, die Nullhypothese abzulehnen, d. h. zu falsifizieren (vgl. Brosius 2006). Da es sich um eine statistische Schätzfunktion handelt, kann nicht mit 100 %iger Wahrscheinlichkeit geprüft werden, ob man mit der Entscheidung die Nullhypothese abzulehnen nicht doch einen Fehler begeht. Diese Irrtumswahrscheinlichkeit wird als α-Fehler bezeichnet. Der β-Fehler beschreibt den umgekehrten Fall, dass die Nullhypothese nicht abgelehnt wird, aber in der Realität nicht für die Grundgesamtheit zutrifft.

Eine Irrtumswahrscheinlichkeit von $\alpha = 0{,}000$ würde bedeuten, dass mit einer 0 %igen Wahrscheinlichkeit ein Fehler begangen wird, wenn man die Nullhypothese ablehnt und die Alternativhypothese annimmt. In der Marketingforschungspraxis gelten folgende Erfahrungswerte für die Interpretation eines statistischen Tests:

Tabelle 23: Signifikanzniveaus (vgl. Brosius 2006)

Irrtums-wahrscheinlichkeit	Signifikanz des Zusammenhangs	Konsequenz
> 0,05	nicht signifikant	Annahme der Nullhypothese
0,05	signifikant	Ablehnung der Nullhypothese und Annahme der Alternativhypothese
0,01	hoch signifikant	
0,001	höchst signifikant	

Als Richtwert hat sich das Signifikanzniveau »signifikant« (Irrtumswahrscheinlichkeit $\alpha = 0{,}05$) bewährt. Um den untersuchten statistischen Zusammenhang stärker abzusichern, wird jedoch oft ein höheres Signifikanzniveau (hoch signifikant, höchst signifikant) für eine Untersuchung zugrunde gelegt. In diesem Fall muss der errechnete Signifikanzwert kleiner sein, um die Nullhypothese ablehnen zu können. Ist die Irrtumswahrscheinlichkeit größer als 0,05 (5 %), wird die Nullhypothese angenommen und die Alternativhypothese abgelehnt.

In der induktiven Statistik gibt es eine Vielzahl von statistischen Testverfahren. Das wohl bekannteste Testverfahren ist der Chi-Quadrat-Test, der im Folgenden genauer erklärt werden soll.

Chi-Quadrat-Test

Für den Chi-Quadrat-Test gibt es mehrere Anwendungsfälle. Mit ihm können sowohl Verteilungen (Anpassungs- bzw. Verteilungstest) als auch Zusammenhänge (Unabhängigkeits- bzw. Zusammenhangstest) geprüft werden. Der Anpassungstest prüft die Verteilung der Merkmalsausprägungen in der Grundgesamtheit (z.B. Gleichverteilung). Der Unabhängigkeitstest prüft, ob ein Zusammenhang zwischen zwei Variablen in der Stichprobe auch für die Grundgesamtheit angenommen werden kann. Im Folgenden wird der Chi-Quadrat-Unabhängigkeitstest betrachtet.

Der Chi-Quadrat-Unabhängigkeitstest (im Folgenden nur noch Chi-Quadrat-Test genannt) kann ab einem nominalen Skalenniveau eingesetzt werden. Für metrische Variablen gibt es jedoch spezielle Tests, die eine bessere Aussagekraft haben und bei deren Untersuchung verwendet werden sollten. Basis für den Chi-Quadrat-Test ist eine Kreuztabelle, mit der im ersten Schritt geprüft wird, ob ein Zusammenhang zwischen zwei Variablen in der Stichprobe besteht. Hierzu werden die empirisch beobachteten Werte in der Kreuztabelle mit statistisch erwarteten Werten verglichen, die sich ergeben müssten, wenn kein Zusammenhang zwischen den Variablen in der Stichprobe besteht (perfekte statistische Unabhängigkeit). Im zweiten Schritt wird geprüft, ob aufgrund eines Zusammenhangs in der Stichprobe Rückschlüsse auf einen Zusammenhang in der Grundgesamtheit möglich sind. Mittels der Abweichung zwischen den empirisch beobachteten und den statistisch erwarteten Werten wird ein Prüfmaß (Chi-Quadrat) berechnet. Damit der Chi-Quadrat-Test verlässliche Ergebnisse liefert, müssen folgende Voraussetzungen erfüllt sein:

- Die Kreuztabelle sollte nach Möglichkeit mehr als 5 Felder umfassen.
- Der erwartete Wert jeder Zelle in der Kreuztabelle sollte mindestens 5 betragen.

Beispiel

Es soll untersucht werden, ob zwischen den Variablen »Geschlecht (männlich/weiblich)« und »Raucher (ja, regelmäßig/ja, hin und wieder/nein, ich rauche nicht)« ein Zusammenhang besteht und ob ein möglicher Zusammenhang auch auf die Grundgesamtheit übertragen werden kann.

Alternativhypothese: Es besteht ein Zusammenhang zwischen dem Geschlecht und dem Merkmal Raucher.

Nullhypothese: Es besteht kein Zusammenhang zwischen dem Geschlecht und dem Merkmal Raucher.

Eine empirische Untersuchung von 125 Personen ergibt folgendes Ergebnis:

Geschlecht	Raucher			Gesamt
	Nein, ich rauche nicht	Ja, hin und wieder	Ja, regel- mäßig	
Männlich	24	10	19	53
Weiblich	41	10	21	72
Gesamt	**65**	**20**	**40**	**125**

Tabelle 24 zeigt das Ergebnis des Chi-Quadrat-Test, das mit dem statistischen Analyseprogramm SPSS ausgewertet wurde.

SPSS berechnet neben dem standardmäßig verwendeten Pearsonschen Chi-Quadrat-Test zwei weitere Testvarianten, nämlich den Likelihood-Test und den Linear-mit-Linear-Test. Wenn es sich um große Stichproben handelt, bietet es sich an, den Likelihood-Test zur Interpretation ergänzend hinzuzuziehen. Der Linear-mit-Linear-Test ist nur für mindestens ordinalskalier-

SPSS gibt einen α-Wert raus!

te Daten zu interpretieren (vgl. Brosius 2006). Im Beispiel kann lediglich das Chi-Quadrat nach Pearson interpretiert werden.

Tabelle 24: Ergebnis eines Chi-Quadrat-Tests

Chi-Quadrat-Tests

α - Fehler

	Wert	df	Asymptotische Signifikanz (2-seitig)
Chi-Quadrat nach Pearson	1,697[a] *tatsächlicher Wert*	2	0,428 ← zu 0,43 wege falsch und die Ho
Likelihood-Quotient	1,699	2	0,428
Zusammenhang linear-mit-linear	1,274	1	0,259
Anzahl der gültigen Fälle	125		

a. 0 Zellen (0 %) haben eine erwartete Häufigkeit kleiner 5. Die minimale erwartete Häufigkeit ist 8,48.

In der Spalte »Asymptotische Signifikanz (2-seitig)« wird die Irrtumswahrscheinlichkeit für die Ablehnung der Nullhypothese angezeigt. Die Nullhypothese »Es besteht kein Zusammenhang zwischen dem Geschlecht und dem Merkmal Raucher« wird durch den Chi-Quadrat-Test bestätigt. Wäre die Irrtumswahrscheinlichkeit kleiner als 0,05, könnte ein signifikanter Zusammenhang zwischen dem Rauchverhalten und dem Geschlecht der Probanden in der Grundgesamtheit angenommen werden. Im Beispiel besteht jedoch kein Zusammenhang zwischen den Variablen »Geschlecht« und »Raucher«. Der Chi-Quadrat-Test gibt lediglich Auskunft darüber, ob ein signifikanter Zusammenhang zwischen den Variablen in der Grundgesamtheit besteht, jedoch nicht, wie stark der Zusammenhang ausgeprägt ist. Hierfür müssen Streumaße errechnet werden (siehe Kapitel – Univariate Analysen).

Tipps & Tricks

- Um eine Übertragbarkeit der Untersuchungsergebnisse auf die Grundgesamtheit sicherstellen zu können, sollten die wichtigsten Erkenntnisse mit Hilfe der induktiven Statistik auf Signifikanz geprüft werden. Besonders bei kleinen Stichproben ist dies wichtig, da der Zufallsfehler mit zunehmender Stichprobengröße geringer wird.
- Die Hypothesenprüfung mit Hilfe von Chi-Quadrat-Tests ist ein in der Praxis sehr häufig eingesetztes Prozedere zur Bestätigung oder Ablehnung von aufgestellten Hypothesen. Es sollte bereits im Rahmen der deskriptiven bivariaten Statistik durchgeführt und sofort interpretiert werden. Werden nur sehr wenige Hypothesen (siehe Kapitel – Hypothesen bilden) verifiziert, ist zu überlegen im Laufe der Auswertung/Analyse neue Hypothesen zu generieren und zu prüfen.

5 Fallstudie »GOIN forward >>«

5-1 Projektbeschreibung

Im Sommersemester 2006 führten die Marketing-Schwerpunktstudenten der Hochschule für Angewandte Wissenschaft Ingolstadt eine Marketingforschungsstudie für die Gesundheitsorganisation GOIN durch.

Die Gesundheitsorganisation GOIN – das Praxisnetzwerk der Region 10 – gehört als Zusammenschluss von mehr als 500 niedergelassenen Ärztinnen und Ärzten aller Fachrichtungen und mit über 250 000 teilnehmenden Patienten mittlerweile zu den größten Netzwerken dieser Art in Deutschland. GOIN hat es sich zur Aufgabe gemacht, die Qualität der medizinischen Versorgung auch in Zukunft auf hohem Niveau sicherzustellen, die Kosten in einem wirtschaftlichen Rahmen zu halten und nicht zuletzt als innovativer Dienstleister im Gesundheitswesen wahrgenommen zu werden.

Zur nachhaltigen Sicherung der medizinischen Qualität und zur Gewinnung zuverlässiger Informationen für weitere Entwicklungsmöglichkeiten, wurden die Marketing-Schwerpunktstudenten vom GOIN Vorstand mit der Durchführung der Marketingforschungsstudie GOIN forward >> beauftragt.

Im Folgenden werden die Vorgehensweise im Projekt GOIN forward >> sowie ausgewählte Ergebnisse anhand der einzelnen Phasen des Marketingforschungsprozesses dargestellt.

5-2   Untersuchungsziel erkennen und definieren

Beschreibung der Ausgangssituation

In der heutigen Zeit, die geprägt ist durch wachsende medizinische Möglichkeiten, zunehmende Zivilisationserkrankungen und eine ständig älter werdende Bevölkerung, ist Gesundheit nicht nur ein wertvolles, sondern mitunter auch ein immer teurer werdendes Gut. Durch diese und weitere Entwicklungen, etwa dem Inkrafttreten des Gesetzes zur Modernisierung des Gesundheitswesens von 2004, durch Bürokratie, Kostensenkungen und zunehmenden Wettbewerb mit Klinikketten, die verstärkt auch im ambulanten Bereich spürbar werden, wächst der Druck auf die niedergelassenen Ärzte. Um trotz dieser ungünstigen Rahmenbedingungen eine hochwertige Patientenversorgung sicherzustellen und die Versorgungseffizienz zu steigern, wurden in Deutschland seit Mitte der 1990er Jahre über 200 Praxisnetze gegründet.

Auch die Region 10 ist von dem Wandel im Gesundheitswesen mit dem Trend zu integrierten Versorgungsmodellen direkt betroffen. Das Praxisnetz GOIN möchte an diesem Trend teilhaben, neue Entwicklungsmöglichkeiten für GOIN identifizieren und den Ärzten im Netzwerk konkrete Anhaltspunkte für eine erfolgreiche Positionierung ihrer Praxen im Markt geben.

Aus der oben beschriebenen Ausgangssituation lassen sich für GOIN zwei Problemstellungen ableiten:

• Wie können Ärzte/Praxen sich zukünftig besser voneinander differenzieren und positionieren?
• Wie kann das Ärztenetzwerk GOIN die Ärzte/Praxen dabei unterstützen und sich gleichzeitig nachhaltig im Rahmen der integrierten Versorgung positionieren?

Die Burning Platform stellt die Ausgangssituation mit dem Projektumfeld sowie den verschiedenen Interessensgruppen und die daraus abgeleitete Problemstellung strukturiert dar:

Starker Wandel im Gesundheitswesen mit Trend zu integrierten Versorgungsmodellen (mit entsprechender elektronischer Unterstützung)		
GOIN	**Patienten in Region**	**Ärzte im GOIN**
• Neues Modell im Gesundheitssystem im Entwicklungsprozess • Keine konkreten Vorgaben • GOIN könnte Vorreiterrolle einnehmen	• Verunsicherung • Keine klaren Vorstellungen über Anforderungen und Erwartungen an GOIN bzw. die Ärzte	• Steigender Kostendruck • Wettbewerbssituation intensiviert sich • Notwendigkeit der Differenzierung steigt • Notwendigkeit der Positionierung

Problemstellung:

• Wie können Ärzte / Praxen sich zukünftig besser voneinander differenzieren und positionieren?
• Wie kann das Ärztenetwerk GOIN die Ärzte / Praxen dabei unterstützen und sich gleichzeitig nachhaltig im Rahmen der integrierten Versorgung positionieren?

Abb. 21: Burning Platform

Untersuchungsziel festlegen

Auf Basis der Burning Platform werden im Folgenden die konkreten Unter-suchungsziele des Projektes definiert. Die übergeordnete Zielsetzung lautet:

• Identifikation von Chancen für GOIN und die beteiligten Ärzte, die zukünftige Zusammenarbeit und Wettbewerbsfähigkeit zu optimieren.

Hieraus lassen sich drei Unterziele ableiten und die zu erwartenden Projekt-ergebnisse konkretisieren:

Unterziele:

• Darstellung der **Zufriedenheit** und der **Anforderungen** von Patienten und Ärzten **an GOIN**
• Darstellung der **Zufriedenheit** und der **Anforderungen** von Patienten **an Ärzte**
• Hinweise zu **Erwartungen** hinsichtlich der elektronischen Patientenakte von Patienten und Ärzten

Projektergebnisse:

• Aufzeigen von Chancen für GOIN-Ärzte zur **besseren Differenzierung** und **Positionierung** ihrer Praxen am Markt
• Ansätze für GOIN und die Netzwerkärzte zur **Optimierung der Kom-munikation** mit den Patienten

- Identifikation von Potenzialen für GOIN zur **optimierten Unterstützung der Netzwerkärzte** und zur **nachhaltigen Positionierung des Netzwerkes am Markt**

5-3   Forschungsplan erstellen und Daten erheben

5-3 a   Sekundärforschung – vorhandene Daten erheben

Die Sekundärrecherche des Projektes GOIN forward >> beginnt mit dem Kick-off Meeting und begleitet den Prozess der Primärforschung bis zum Beginn der Datenerhebung. Die Hauptaufgabe der Sekundärrecherche liegt darin, bereits vorhandene, relevante Informationen zu identifizieren und aufzubereiten. Auf Basis der Ergebnisse macht sich das Projektteam mit dem Untersuchungsgegenstand näher vertraut, generiert Anregungen für die Gestaltung der Experteninterviews sowie der repräsentativen Primärerhebung und erarbeitet erste potentielle Handlungsfelder für den Auftraggeber.

In einem ersten Schritt werden die wesentlichen Grundlagen zu den Themen Ärztenetzwerke (der Begriff Ärztenetzwerk wird im Folgenden synonym mit den Begriffen Praxisnetz, Praxisnetzwerk und Netzwerk verwendet) und elektronische Gesundheitskarte recherchiert. Darauf aufbauend werden in den folgenden Schritten, nationale sowie auch internationale Best Practice Netzwerke identifiziert und anhand folgender Indizes näher analysiert und miteinander verglichen:

- **Medizinisch:** Therapiestandards, Arzneimittelempfehlungen, Fort- und Weiterbildung, Patientenschulungen, Disease Management-Programme, Second Opinion
- **Wirtschaftlich:** Gemeinsamer Einkauf, Budgetverantwortung, fester Punktwert, Honorierung von Sonderleistungen, Beteiligung an Einsparungen, Sponsorengelder
- **Infrastrukturell:** Hausarztmodell/Anlaufpraxis, Größe, Gerätepool, Personalpool, EDV-Vernetzung, Kooperationen mit Kliniken, Reha oder ambulanten Pflegediensten
- **Intangible:** Leistungskommunikation, Anspruch an Patienten, Innovation

Aus dem Vergleich der einzelnen Netzwerke können wichtige Erkenntnisse für den weiteren Projektverlauf abgeleitet und in der sich anschließenden Ärzte- und Patientenbefragung validiert werden. Zu den zentralen Ergebnissen der Sekundärrecherche zählen:

- **Chancen** und **Risiken** für Ärztenetzwerke
- **Stärken** und Verbesserungspozentiale von GOIN im Vergleich zu anderen Netzwerken
- **Nationale** und **internationale Best Practices** (z. B. hinsichtlich Geschäftsmodelle, Organisation, Kommunikation) als mögliche zukünftige Entwicklungsmöglichkeiten für GOIN

Als Hauptinformationsquelle für die Sekundärrecherche im Projekt GOIN forward >> dient das Internet mit zahlreichen Online verfügbaren Veröffentlichungen beispielsweise auf den Internetpräsenzen von Verbänden (z. B. AOK Bundesverband, Verband Schweizerischer Assistenz- und Oberärztinnen und -ärzte), Bundesministerien (z. B. Bundesministerium für Gesundheit), Instituten (z. B. DIMDI), den Ärztenetzwerken selbst oder von unabhängigen Dienstleistern/Interessensgruppen (z. B. dem unabhängigen Schweizer PraxenMarkt). Des Weiteren werden Artikel in Fachzeitschriften/-publikationen (z. B. Schweizerische Ärztezeitung, Gesundheit) zur Identifikation relevanter Informationen herangezogen.

Neben Sachinformationen werden bei der Sekundärrecherche einige interessante Ansprechpartner identifiziert (z. B. Netzwerkmanager, Geschäftsführer von Netzwerken) die ggf. im Rahmen eines Experteninterviews im weiteren Projektverlauf für ein Gespräch zur Verfügung stehen und einen wertvollen Beitrag liefern könnten.

5-3 b   Primärforschung – neue Daten erheben

Experten befragen

Die aus der Sekundärrecherche gewonnen Erkenntnisse werden im weiteren Projektverlauf validiert und mit Hilfe von Expertenbefragungen ergänzt. Im Mittelpunkt der Gespräche mit den Experten stehen die folgenden Themenblöcke:

- Praxisnetzwerke im Allgemeinen (u. a. Anreizsysteme für beteiligte Ärzte)
- Praxisnetzwerk GOIN (u. a. Chancen, Risiken, Stärken, Potenziale)
- Praxismanagement

Um aus der Befragung qualitativ hochwertige Ergebnisse zu erhalten, entscheidet sich das Projektteam für die Durchführung persönlicher Einzelinterviews. Hierfür wird eine für diese Branche aussagekräftige Auswahl von 10 bis 15 Personen mit Experten Know-How getroffen. Da es sich beim Praxisnetz GOIN um einen regional tätigen Verein handelt, werden vornehmlich Akteure aus dem Ingolstädter Gesundheitswesen ausgewählt, die aus den folgenden Bereichen stammen:

- Allgemein- und Fachärzte
- Apotheken
- GOIN
- Klinikum Ingolstadt
- Krankenkassen
- Kassenärztliche Vereinigung

Für die Durchführung der Einzelinterviews mit den Experten wird ein Interviewleitfaden erarbeitet, der einen gewissen Rahmen für die Gesprächsführung vorgibt und die Gegenüberstellung der Interviewaussagen im Anschluss erleichtert. Der Interviewleitfaden wird weitgehend mit offenen Fragen gestaltet, um dem Interviewer die Möglichkeit zu geben, interessante Aspekte im Gespräch zu vertiefen. Er beginnt mit einer kurzen Projektbeschreibung und Angaben zum jeweils befragten Experten (Name, Funktion, Institution, Kontaktdaten für etwaige Rückfragen). Im Folgenden sind die Fragen aufgelistet:

1. Was sind Ihrer Ansicht nach Erfolgsfaktoren für einen Arzt/eine Arztpraxis, um langfristig erfolgreich zu sein?
2. Welche Kriterien sind Ihrer Meinung nach für die Ärztewahl eines Patienten entscheidend?
3. Wie stehen Sie zur derzeitigen gesundheitspolitischen Lage bzw. Entwicklung, insbesondere hinsichtlich der transsektoralen integrierten Versorgung mit Beteiligung von Ärztenetzen?
4. Stellt der angedrohte Ausstieg von niedergelassenen Ärzten aus der flächendeckenden Versorgung eine Bedrohung für die zukünftige Entwicklung von Ärztenetzen dar?
5. Wie schätzen Sie den Bekanntheitsgrad des Praxisnetzwerkes GOIN ein?
6. Was assoziieren Ihrer Meinung nach Patienten in erster Linie mit GOIN?
7. Welche Leistungen sollte Ihrer Meinung nach ein Ärztenetzwerk anbieten?
8. Was sind Erfolgsfaktoren für ein Ärztenetzwerk?
9. Welche Praxisnetzwerke in Deutschland weisen »Best-Practice-Charakter« auf, und in welchen Bereichen?
10. Welche Auswirkungen hat Ihrer Meinung nach ein Praxisnetz wie GOIN auf netzwerkexterne Einrichtungen und umgekehrt?
11. Welche Anreize gibt es für Ärzte einem Netzwerk wie GOIN beizutreten?
12. Welche Vorteile/Synergien ergeben sich aus dem Netzwerk?
13. Welche Stärken bzw. Schwächen weist das Praxisnetzwerk GOIN Ihrer Meinung nach auf?

14. In welchen Bereichen, bei welchen Angeboten in Bezug auf GOIN besteht Verbesserungspotenzial?
15. Wie stehen Sie zur Einführung der elektronischen Gesundheitskarte, welche Vor- und Nachteile bzw. Risiken birgt das Modell?
16. Welche Rolle könnten öffentliche Apotheken künftig in einem Praxisnetz wie GOIN einnehmen?
17. Welche Kooperationen/strategische Allianzen sind zukünftig für Ärztenetze, wie beispielsweise GOIN, für den nachhaltigen Erfolg notwendig?

Um die Experten für die Befragung zu gewinnen, wird vorab ein Informationsanschreiben zum Projektinhalt und Ziel der Expertenbefragung versandt. Im Anschluss daran tritt man mit den Experten persönlich oder telefonisch in Kontakt, um Termine für die Interviewgespräche zu vereinbaren.

Um die Interviews lückenlos protokollieren zu können, werden die Interviews von zwei Projektteammitgliedern durchgeführt, wobei ein Teammitglied das Interview durchführt und das andere die Antworten dokumentiert.

In einem ersten Schritt werden die Kernaussagen aus der Expertenbefragung stichpunktartig zusammengefasst. Die folgenden zwei Fragstellungen stellen dies exemplarisch dar:

1. *Was sind Ihrer Ansicht nach Erfolgsfaktoren für einen Arzt/eine Arztpraxis, um langfristig erfolgreich zu sein?*
   - Freundliche Kommunikationsatmosphäre in der Praxis (Arzt-Patient/ Arzt-Angestellte)
   - Die Fähigkeit, bei fehlendem Fachwissen an Kollegen zu überweisen
   - Dienstleistungsgedanke
   - Gute Lage der Praxis (Erreichbarkeit/Parkplätze)
   - Funktionierende Praxisorganisation (Kurze Wartezeiten)
   - Arzt muss sich ausreichend Zeit nehmen, auf die Probleme des Patienten einzugehen
   - Weiterführende Dienstleistungen (z. B. Terminvereinbarung bei Überweisungen)
   - Fachliche Kompetenz des Arztes im Rahmen seiner Fachrichtung
   - Der Name oder »Ruf« des Arztes
2. *Welche Kooperationen/strategische Allianzen sind zukünftig für Ärztenetze wie das GOIN für den nachhaltigen Erfolg notwendig?*
   - Apotheken
   - Logistikbereich
   - Geräte-/Personenpool
   - Prävention als Ansatzpunkt für Kooperationen
   - Leistungserbringung rund um die Uhr durch GOIN
   - Eine zentrale regionale Anlaufstelle für Mitglieder mit Krankheit

– Kooperation zwischen Netzen
– Kooperationen mit Reha-Einrichtungen etc.

Im nächsten Schritt werden die Ergebnisse grafisch aufbereitet. Eine Möglichkeit, wie man ausgewählte Ergebnisse unterschiedlicher Fragenkomplexe darstellen kann, sind verschiedenfarbig hinterlegte Zitate, wie die nachfolgende Grafik zeigt.

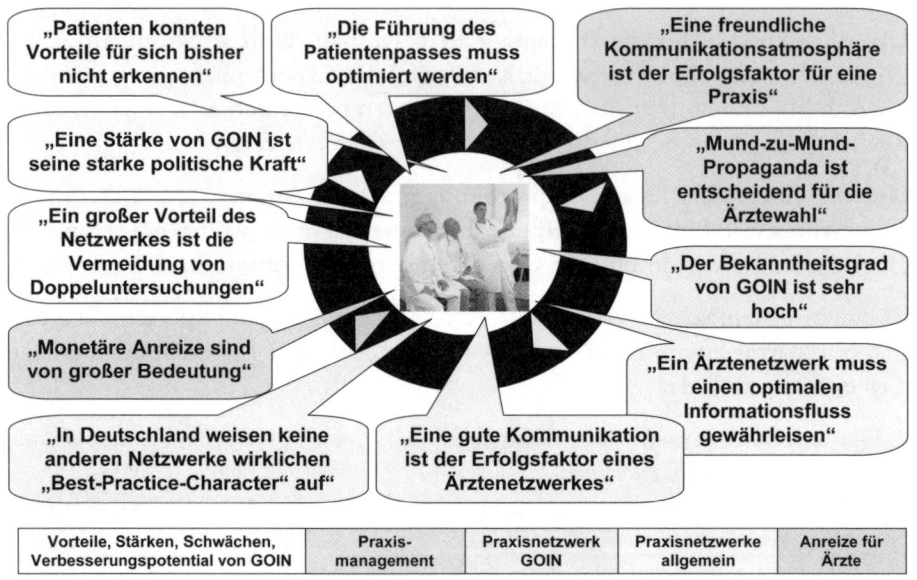

Vorteile, Stärken, Schwächen, Verbesserungspotential von GOIN	Praxis-management	Praxisnetzwerk GOIN	Praxisnetzwerke allgemein	Anreize für Ärzte

Abb. 22: Beispiel für eine grafische Darstellung der Expertenbefragung

Durch die Expertenbefragung werden einige sehr interessante Hinweise gewonnen, die im weiteren Verlauf des Studie GOIN forward >>, u. a. bei der Erstellung des Erhebungsinstruments für die Primärbefragung (insbesondere bei der Formulierung von Antwortkategorien für geschlossene Fragen), eingesetzt werden.

Die Primärforschung der Studie GOIN forward >> umfasst eine Patientenbefragung, eine Ärztebefragung sowie ein Ärzte-Benchmarking. In den folgenden Prozessschritten des Marketingforschungsprozesses wird primär auf die Vorgehensweise im Rahmen der Patientenbefragung eingegangen.

Hypothesen bilden

Zur Vorbereitung der Patientenbefragung werden verschiedene Gruppen von Hypothesen gebildet: Thesen nach dem Alter, einer chronischen Erkrankung sowie der GOIN-Mitgliedschaft.

Im Folgenden werden die Hypothesen der Patientenbefragung kurz vorgestellt und erläutert:

- Der Hypothese *»Die bestehenden Leistungen von GOIN werden von Patienten
  über 55 Jahren mehr genutzt als von Patienten unter 55 Jahren«* liegt die
  Annahme zugrunde, dass ältere Patienten häufiger zum Arzt gehen und
  damit die bestehenden Leistungen von GOIN intensiver nutzen als Jün-
  gere.
- Zwei weitere Hypothesen untersuchen die Beurteilung bestehender
  GOIN-Leistungen durch chronisch kranke Patienten: *»Chronisch kranke
  GOIN-Patienten nutzen mehr der verschiedenen GOIN-Leistungen als Patienten,
  die nicht chronisch krank sind«* und *»Chronisch kranke Patienten finden die
  bisherigen Leistungen hilfreicher als Patienten, die nicht chronisch krank sind«*.
  Diese Hypothesen basieren auf der Vermutung, dass chronische kranke
  Patienten aufgrund ihrer Erkrankung und der damit verbundenen zahlreichen Arztbesuche häufiger einen Arzt besuchen und dadurch mehr Leistungen von GOIN nutzen und diese als hilfreicher wahrnehmen als nicht
  chronisch erkrankte Patienten. Die dritte Hypothese bezüglich der chronischen Erkrankung zielt auf zukünftige, mögliche Leistungen von GOIN
  ab: *»Chronisch kranke Patienten finden weitere zukünftige Leistungen wichtiger, als
  Patienten, die nicht chronisch krank sind«*.
- Darüber hinaus setzen sich zwei Hypothesen mit der GOIN-Mitgliedschaft
  der Patienten auseinander, um Unterschiede zwischen GOIN- Mitgliedern
  und Nicht-Mitgliedern zu identifizieren und Hinweise für zukünftige
  Strategien des Ärztenetzwerks abzuleiten. Der Hypothese *»Chronisch kranke
  GOIN-Patienten haben die Einschätzung, dass sie bei einem Arzt, der GOIN-
  Mitglied ist, medizinisch besser versorgt werden als bei einem Arzt, der nicht
  GOIN-Mitglied ist«* liegt die Annahme zugrunde, dass von den Patienten
  ein Unterschied zwischen der medizinischen Behandlung durch GOIN-
  Ärzte im Vergleich zur Behandlung durch einen anderen Arzt wahrgenom-
  men wird.
  Für die nächste Hypothese *»Patienten, die GOIN-Mitglied sind, sind mit ihrem
  Arzt zufriedener als Patienten, die nicht GOIN-Mitglied sind«* wird die Frage
  nach der GOIN-Mitgliedschaft mit 14 vorgegebenen Kriterien zur Beurteilung der Zufriedenheit mit einem Arzt verknüpft. Es wird angenommen,
  dass sich GOIN-Patienten durch ihre Privilegien im Netzwerk, besser
  medizinisch versorgt fühlen und dadurch zufriedener mit ihrem Arzt sind.
- Die letzte Hypothese *»Patienten, die auf eigenen Wunsch GOIN beigetreten
  sind, nutzen die Leistungen, die GOIN ihnen bietet, mehr als Patienten, die auf
  Anraten des Arztes beigetreten sind«* betrachtet ausschließlich GOIN-Mitglieder. Aus der Expertenbefragung ging hervor, dass viele Patienten auf
  Anraten ihres Arztes GOIN beitreten, da für diese finanzielle Anreize für

das Anwerben neuer Mitglieder bestehen. Diese Hypothese basiert auf der Vermutung, dass sich Patienten, die auf eigenen Wunsch dem Netzwerk beigetreten sind, umfassender über die Leistungen von GOIN informieren und die Netzwerkvorteile intensiver nutzen als Patienten, die auf Anraten des Arztes beigetreten sind.

Operationalisierung erstellen

Ausgangspunkt für die Erstellung der Operationalisierung bei der Patientenbefragung ist die Forschungsfrage »Wie zufrieden sind Patienten mit den Ärzten und GOIN und welche Anforderungen stellen sie für die Zukunft unter den bestehenden Rahmenbedingungen?«.

Um die Begriffe »Patienten«, »Zufriedenheit mit den Ärzten«, »Anforderungen an die Ärzte«, »Zufriedenheit mit GOIN« sowie »Anforderungen an GOIN« messbar zu machen, werden diese mit Hilfe der Operationalisierung durch geeignete Dimensionen beschrieben und durch beobachtbare Indikatoren konkretisiert.

Im Folgenden sind exemplarisch drei Begriffe mit den abgeleiteten Dimensionen und Indikatoren dargestellt:

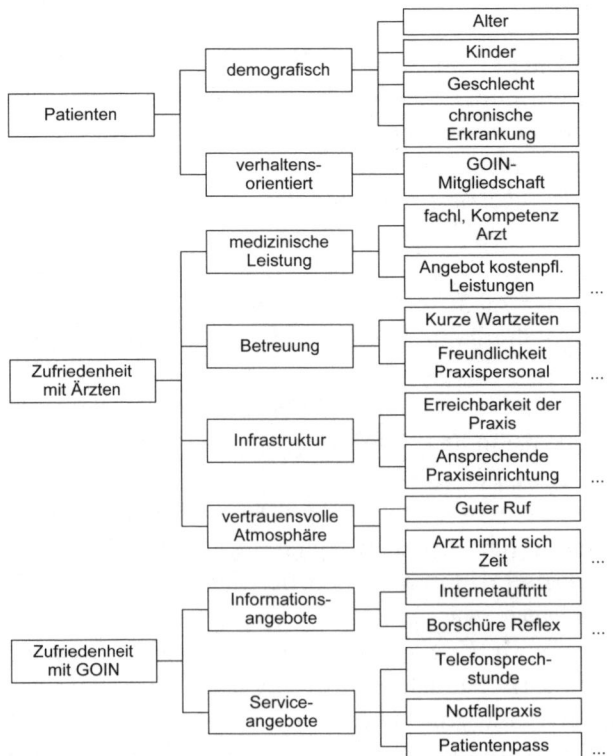

Abb. 23:
Auszug Operationalisierung Patientenuntersuchung

Die Variablen werden im Folgenden bei der Formulierung der einzelnen Fragen aufgegriffen.

Erhebungsmethode definieren und Erhebungsinstrument wählen

Als Erhebungsmethode wird aufgrund der Breite an zu erhebenden Informationen die Befragung gewählt. Durch eine Befragung ist es möglich, Erklärungen und Motive der Probanden z. B. hinsichtlich möglicher zukünftiger Leistungen zu ermitteln, die etwa über eine Beobachtung nicht zu erheben sind. Bei der Patientenbefragung kommt ein hoch standardisierter Fragebogen zum Einsatz, der eine zügige und systematische Auswertung ermöglicht.

Im nächsten Schritt wird das Erhebungsinstrument für die Primärerhebung – der Fragebogen – zur Beantwortung der Hypothesen konstruiert. Grundlage sind hierbei die im Rahmen der Operationalisierung definierten Variablen.

Im Anschluss daran werden die Fragen in eine sinnvolle Reihenfolge gebracht. Bei der Patientenbefragung von GOIN forward >> unterteilt sich der Fragebogen in die folgenden Teile:

• Den eigentlichen Fragen wird ein kurzer Einleitungstext vorangestellt, der die Zielsetzung sowie Rahmenbedingungen der Studie erläutert und den Teilnehmern die Anonymität ihrer Angaben zusichert. Zudem befindet sich auf der ersten Seite ein Feld für den Stempel des Arztes, welches bereits vor dem Auslegen der Fragbögen in den Praxen ausgefüllt wird. Dies ist notwendig, um bei den Auswertungen die eingegangen Fragebögen und damit auch Arztbewertungen eindeutig zuordnen zu können.
• Den folgenden Teil bilden Fragen zur Demographie der Patienten (z. B. Alter, Geschlecht, Anzahl der im Haushalt lebenden Kinder, mögliche chronische Erkrankung).
• Dem Demographieteil schließt sich ein Block mit Fragen zum jeweiligen Arzt an. Dabei wird unter anderem für 14 vorgegebene Kriterien, die einen Arzt bzw. eine Arztpraxis charakterisieren, die Wichtigkeit sowie die Zufriedenheit bei dem Arzt, in dessen Praxis sich der Patient befindet, abgefragt. Für beide Fragen wird eine vierstufige Skala (von »sehr wichtig« bis »unwichtig«; von »sehr zufrieden« bis »unzufrieden«) verwendet. Ein Großteil der 14 abgefragten Kriterien wurde durch das Studententeam im Rahmen der Experteninterviews ermittelt. Die Aussagen zur Wichtigkeit und Zufriedenheit werden später in der Auswertungsphase gegenübergestellt, um Stärken und Optimierungspotenziale zu identifizieren.
• Der nächste Teil umfasst Fragen zu GOIN. Die erste Frage ist eine Filterfrage, in der nach einer bestehenden GOIN-Mitgliedschaft gefragt wird. Die sich anschließenden vier Fragen (Grund des Beitritts zu GOIN, Assoziationen der Patienten mit GOIN, Beurteilung bestehender GOIN-

Leistungen, Beurteilung des GOIN-Patientenpasses) richten sich ausschließlich an GOIN-Mitglieder.

- Die letzten drei Fragen des Patientenfragebogens sind wiederum von allen
  Patienten zu beantworten. Sie beinhalten die Beurteilung möglicher
  zukünftiger GOIN-Leistungen, die Beurteilung der elektronischen
  Gesundheitskarte sowie die Einschätzung von weiteren Aussagen (u. a.
  zum Hausarztmodell, dem Patientenpass). Auch bei der Entwicklung von
  Antwortkategorien für diese Fragen und die Formulierung der abschlie-
  ßenden Aussagen konnten die Erkenntnisse aus den Experteninterviews
  verwendet werden.

- Am Ende des Fragebogens bedankt sich das Projektteam bei den Patienten
  herzlich für die Unterstützung und die Teilnahme an der Studie.

Eine Marktforschungsstudie
der Fachhochschule Ingolstadt

Ihre Meinung ist uns wichtig!

Liebe Patientin, lieber Patient!   Stempel Arzt

Die Fachhochschule Ingolstadt führt zusammen mit dem Praxisnetzwerk GOIN derzeit eine
Marktstudie durch. GOIN ist ein Zusammenschluss von Ärzten, um Qualitäts- und
Wirtschaftlichkeitsverbesserung der medizinischen Versorgung in der Region 10 (Ingolstadt,
Eichstätt, Neuburg, Schrobenhausen, Pfaffenhofen) zu erreichen. Ziel unserer Studie ist es,
herauszufinden, was GOIN und die beteiligten Ärzte tun können, um auch in Zukunft
weiterhin die medizinische Versorgung der Patienten zu verbessern.
Dies soll sich natürlich in erster Linie an Ihren Anforderungen als Patient orientieren.
Es ist daher besonders wichtig, wie Sie das Praxisnetz sehen.
Darum bitten wir Sie, sich ein paar Minuten Zeit zu nehmen, diesen Fragebogen
auszufüllen. Ihre Angaben sind anonym und werden selbstverständlich vertraulich
behandelt.
Vielen Dank bereits im Voraus für Ihre Beteiligung!

ALLGEMEINES

1. Wie alt sind Sie?

    _____ Jahre

2. Bitte geben Sie Ihr Geschlecht an:

    ☐ männlich   ☐ weiblich

3. Wie viele Kinder (bis 15 Jahre) leben in Ihrem Haushalt?

    _____ (bitte Anzahl angeben)

4. Leiden Sie an einer chronischen Erkrankung? (z. B. Zuckerkrankheit, Asthma,
    Multiple Sklerose)

    ☐ ja   ☐ nein

FRAGEN ZU DIESEM ARZT

1. Besonders gut finde ich an dieser Praxis:
    *Bitte kreuzen Sie die **drei** Punkte an, mit denen Sie am **zufriedensten** sind.*

    ☐ Arzt

    ☐ Praxispersonal

    ☐ Organisation (Wartezeiten, Betreuung etc.)

    ☐ Praxiseinrichtung (Geräte, Wartezimmer etc.)

    ☐ Infrastruktur (Erreichbarkeit, Lage, Parkplätze etc.)

    ☐ GOIN-Mitgliedschaft des Arztes

    ☐ sonstiges _____ (bitte nennen)

Abb. 24: Patientenfragebogen

   Eine Marktforschungsstudie
                                            der Fachhochschule Ingolstadt

Im Folgenden sind einige Kriterien aufgelistet, die einen Arzt bzw. eine Arztpraxis charakterisieren.

Wir bitten Sie, zunächst zu beurteilen, wie **wichtig** Ihnen die einzelnen Kriterien sind (Frage 2) und in der folgenden Frage (Frage 3) dann zu beurteilen, wie **zufrieden** Sie mit den genannten Kriterien sind.

Beispiel zu Frage 2

	sehr wichtig	wichtig	weniger wichtig	unwichtig
Freundlichkeit des Arztes	☐	☒	☐	☐

Beispiel zu Frage 3

	sehr zufrieden	zufrieden	weniger zufrieden	unzufrieden
Freundlichkeit des Arztes	☐	☐	☒	☐

2. Wie **wichtig** sind Ihnen folgende Kriterien bei Ihrem Arzt?
    Bitte kreuzen Sie bei jedem Kriterium an, wie wichtig es Ihnen ist.

	sehr wichtig	wichtig	weniger wichtig	un- wichtig
fachliche Kompetenz des Arztes	☐	☐	☐	☐
Ruf des Arztes	☐	☐	☐	☐
Freundlichkeit des Arztes	☐	☐	☐	☐
Mitgliedschaft des Arztes bei GOIN	☐	☐	☐	☐
Freundlichkeit des Praxispersonals	☐	☐	☐	☐
unkomplizierte Terminvereinbarung, kurze Wartezeiten	☐	☐	☐	☐
Öffnungszeiten (z. B. auch Mittwoch, Freitag, Samstag, Abends)	☐	☐	☐	☐
telefonische Erreichbarkeit (z. B. auch außerhalb der Öffnungszeiten)	☐	☐	☐	☐
eine ansprechende Praxiseinrichtung (z. B. moderne medizinische Geräte, genügend Sitzplätze, Sanitärräume)	☐	☐	☐	☐
Erreichbarkeit der Praxis (z. B. öffentliche Verkehrsmittel, Parkplätze, behindertengerecht)	☐	☐	☐	☐

Abb. 24: Patientenfragebogen

Eine Marktforschungsstudie
der Fachhochschule Ingolstadt

	sehr wichtig	wichtig	weniger wichtig	un- wichtig
Zertifikate von Arzt und Personal	☐	☐	☐	☐
Angebot zusätzlicher kostenpflichtiger Leistungen (z. B. Allergietest, Gesundheitscheck)	☐	☐	☐	☐
die Möglichkeit zur Einholung einer zweiten Meinung (second opinion) [1]	☐	☐	☐	☐
der Arzt nimmt sich für mich als Patient Zeit	☐	☐	☐	☐

[1] Es besteht die Möglichkeit, dass der Arzt bei bestimmten Krankheitsbildern oder auf Wunsch des Patienten, von einem Kollegen eine zweite Meinung z. B. bezüglich der Diagnose einholen kann.

3.   Wie **zufrieden** sind Sie mit den folgenden Kriterien bei diesem Arzt?
     Bitte kreuzen Sie bei jedem Kriterium an, wie zufrieden Sie damit sind.

	sehr zufrieden	zufrieden	weniger zufrieden	un- zufrieden
fachliche Kompetenz des Arztes	☐	☐	☐	☐
Ruf des Arztes	☐	☐	☐	☐
Freundlichkeit des Arztes	☐	☐	☐	☐
Mitgliedschaft des Arztes bei GOIN	☐	☐	☐	☐
Freundlichkeit des Praxispersonals	☐	☐	☐	☐
unkomplizierte Terminvereinbarung, kurze Wartezeiten	☐	☐	☐	☐
Öffnungszeiten (z. B. auch Mittwoch, Freitag, Samstag, Abends)	☐	☐	☐	☐
telefonische Erreichbarkeit (z. B. auch außerhalb der Öffnungszeiten)	☐	☐	☐	☐
eine ansprechende Praxiseinrichtung (z. B. moderne medizinische Geräte, genügend Sitzplätze, Sanitärräume)	☐	☐	☐	☐

Fachhochschule Ingolstadt, Wirtschafts- und Allgemeinwissenschaften, Schwerpunkt Marketing   3
Prof. Dr. Andrea Raab

Abb. 24: Patientenfragebogen

Eine Marktforschungsstudie
der Fachhochschule Ingolstadt

	sehr zufrieden	zufrieden	weniger zufrieden	un-zufrieden
Erreichbarkeit der Praxis (z. B. öffentliche Verkehrsmittel, Parkplätze, behindertengerecht)	☐	☐	☐	☐
Zertifikate von Arzt und Personal	☐	☐	☐	☐
Angebot zusätzlicher kostenpflichtiger Leistungen (z. B. Allergietest, Gesundheitscheck)	☐	☐	☐	☐
die Möglichkeit zur Einholung einer zweiten Meinung (second opinion) [1]	☐	☐	☐	☐
der Arzt nimmt sich für mich als Patient Zeit	☐	☐	☐	☐

[1] Es besteht die Möglichkeit, dass der Arzt bei bestimmten Krankheitsbildern oder auf Wunsch des Patienten, von einem Kollegen eine zweite Meinung z. B. bezüglich der Diagnose einholen kann.

FRAGEN ZU GOIN

1. Sind Sie GOIN-Mitglied?

    ☐ ja   ☐ nein   **wenn nein, weiter mit Frage 6 in diesem Fragenblock**

2. Aus welchem Grund sind Sie GOIN beigetreten? *Bitte ankreuzen; Mehrfachnennung möglich*

    ☐ auf eigenen Wunsch (ich bin über meine Vorteile informiert)
    ☐ auf Anraten des Arztes
    ☐ aufgrund Empfehlung anderer (Familie, Freunde etc.)
    ☐ sonstiger Grund (*bitte angeben:_____*)

3. Was verbinden Sie mit GOIN?
    *Bitte kreuzen Sie die **drei** Punkte an, die für Sie am **wichtigsten** sind.*

☐ Patientenpass	☐ Ärztezusammenschluss
☐ schnellere medizinische Versorgung	☐ Notfallpraxis
☐ qualitativ gesicherte Gesundheitsversorgung	☐ weniger Doppeluntersuchungen
☐ Modellregion für die elektronische Gesundheitskarte	☐ Zusammenschluss mit politischem Gewicht
☐ Veranstaltungen und Kurse	☐ zweite Meinung

Abb. 24: Patientenfragebogen

Eine Marktforschungsstudie
der Fachhochschule Ingolstadt

4. Wie beurteilen Sie die folgenden **bestehenden** Leistungen von GOIN?

	habe ich bereits genutzt und finde ich hilfreich	habe ich bereits genutzt und finde ich **nicht** hilfreich	kenne ich, nutze ich aber **nicht**	kenne ich nicht
Notfallpraxis	☐	☐	☐	☐
Veranstaltungen für Patienten (z. B. Gesundheitstage)	☐	☐	☐	☐
Einholen einer weiteren Ärztemeinung (second opinion) [1]	☐	☐	☐	☐
Schlichtstelle (für GOIN-Ärzte, Patienten und Krankenkassen)	☐	☐	☐	☐
Internetseite GOIN	☐	☐	☐	☐
Telefonsprechstunde	☐	☐	☐	☐
GOIN-Patientenpass	☐	☐	☐	☐
Broschüre „Reflex"	☐	☐	☐	☐

[1] Es besteht die Möglichkeit, dass der Arzt bei bestimmten Krankheitsbildern oder auf Wunsch des Patienten, von einem Kollegen eine zweite Meinung z. B. bezüglich der Diagnose einholen kann.

5. Als GOIN-Patient haben Sie einen Patientenpass, der wichtige Informationen wie Dauerdiagnosen, Dauermedikationen, Laborwerte etc. beinhaltet.
Bitte beurteilen Sie den Patientenpass:

wird immer ausgefüllt	wird meistens ausgefüllt	wird selten ausgefüllt	wird nie ausgefüllt
☐	☐	☐	☐

habe ich bei jedem Arztbesuch dabei	habe ich meistens dabei	habe ich selten dabei	habe ich nie dabei
☐	☐	☐	☐

ist im Notfall für eine schnelle Versorgung immer hilfreich	ist meistens hilfreich	ist selten hilfreich	ist nie hilfreich
☐	☐	☐	☐

Fachhochschule Ingolstadt, Wirtschafts- und Allgemeinwissenschaften, Schwerpunkt Marketing
Prof. Dr. Andrea Raab

5

Abb. 24: Patientenfragebogen

Eine Marktforschungsstudie
der Fachhochschule Ingolstadt

6. Wie wichtig sind für Sie die folgenden möglichen zukünftigen Leistungen?

	sehr wichtig	wichtig	weniger wichtig	un-wichtig
Broschüren über bestimmte Krankheiten	☐	☐	☐	☐
Patientenfrageseite (im Internet)	☐	☐	☐	☐
Spezielle Projekte für Schwerpunktkrankheiten (z. B. Erinnerungs-SMS für Zuckerkranke)	☐	☐	☐	☐
Kindernotfallpraxis	☐	☐	☐	☐
Zusammenarbeit mit Rehakliniken	☐	☐	☐	☐
Zusammenarbeit mit Apotheken (z. B. Medikamentenauswahl)	☐	☐	☐	☐
Leistungserbringung rund um die Uhr (z. B. durch eine zentrale GOIN-Anlaufstelle für Patienten)	☐	☐	☐	☐
Kostenlose Beratungsangebote für Patienten (z. B. für Diäten)	☐	☐	☐	☐
Präventionsmaßnahmen (z. B. GOIN Fitnesscenter, Wellnessaktionen)	☐	☐	☐	☐
Zusammenarbeit mit Seelsorgern und Besuchsdienst	☐	☐	☐	☐
Home Care (z. B. Weiterbetreuung nach Krankenhausaufenthalt, ambulante Überwachung von GOIN-Patienten)	☐	☐	☐	☐

7. Es ist geplant, dass Ende 2007 bundesweit eine elektronische Gesundheitskarte eingeführt wird, die die bisherige Versichertenkarte ablöst. Diese Karte soll unter anderem Daten über Diagnosen, Krankheitsbilder, Notfalldaten (z. B. Blutgruppe, Zuckerkrankheit) enthalten. Haben Sie bereits von der elektronischen Gesundheitskarte gehört?

☐ ja   ☐ nein

Abb. 24: Patientenfragebogen

Eine Marktforschungsstudie
der Fachhochschule Ingolstadt

8. Bitte beurteilen Sie die folgenden Aussagen.
   Bitte kreuzen Sie an, inwieweit Sie zustimmen.

	stimme voll zu	stimme zu	stimme weniger zu	stimme nicht zu
„Ich gehe immer zuerst zum Hausarzt. Dieser überweist mich ggf. an einen Facharzt."	☐	☐	☐	☐
„Es ist mir sehr wichtig, dass meine behandelnden Ärzte die Diagnosen bzw. Medikation der anderen Ärzte erfahren."	☐	☐	☐	☐
„Dass ein Arzt, Apotheker oder Sanitäter in einer Notfallsituation einfachen Zugriff auf die Daten auf meiner elektronischen Gesundheitskarte hat, kann für mich lebensrettend sein; Datenschutz ist dabei zweitrangig."	☐	☐	☐	☐
„Zu einem Arzt, der mir von GOIN empfohlen wurde, habe ich genauso viel Vertrauen, wie zu einem Arzt, der mir von meiner Familie oder Freunden empfohlen wurde."	☐	☐	☐	☐
„Bei meinem GOIN-Arzt werde ich medizinisch besser versorgt als bei einem Arzt, der kein GOIN-Mitglied ist."	☐	☐	☐	☐
„Die elektronische Gesundheitskarte wird zu einer maßgeblichen Verbesserung der medizinischen Versorgung führen."	☐	☐	☐	☐
„Ein Netzwerk wie GOIN stellt einen wirksamen Beitrag zur Kostensenkung im Gesundheitswesen dar."	☐	☐	☐	☐

Fachhochschule Ingolstadt, Wirtschafts- und Allgemeinwissenschaften, Schwerpunkt Marketing   7
Prof. Dr. Andrea Raab

Abb. 24: Patientenfragebogen

Herzlichen Dank für's Mitmachen! Ihre Studenten der Fachhochschule Ingolstadt, Schwerpunkt Marketing

Abb. 24: Patientenfragebogen

Kontaktmethode wählen

Bereits während der Entwicklung des Erhebungsinstrumentariums (Erhebungsmethode, Erhebungsinstrument, Kontaktmethode) sollte man sich Gedanken über den Sampling-Plan machen. Im Rahmen dieser Überlegungen wurde festgestellt, dass sich die Problemstellungen des Projektes GOIN forward>> nicht mit der Befragung von nur einer Zielgruppe beantworten lassen, sondern dass die zwei Gruppen »Ärzte« und »Patienten« untersucht werden müssen. Mehr dazu im Prozessschritt »Sampling-Plan erstellen«

Für die **Patientenbefragung** kommt aufgrund der begrenzten Ressourcen des Studententeams und des engen Projektzeitplanes (für die Datenerhebung sind drei Wochen eingeplant) nur eine schriftliche Erhebung in Frage.

Für die **Befragung der Ärzte** wird durch das Projektteam GOIN forward>> ein persönlicher Kontakt angestrebt. Dieser soll insbesondere die Akzeptanz sowie die Motivation für eine Teilnahme an der Studie erhöhen. Zudem haben die Studenten durch den persönlichen Auftritt in den Praxen die Möglichkeit, Fragebögen für die Patientenbefragung auszulegen. Falls sich eine Terminvereinbarung mit den zu befragenden Ärzten schwierig gestaltet, ist zudem das schriftliche Ausfüllen des Fragebogens möglich.

Sampling-Plan erstellen

Im nächsten Schritt wird anhand der folgenden drei Schritte der Sampling-Plan für die Primärforschung erstellt:

1. Definition der Grundgesamtheit
2. Festlegung des Auswahlverfahrens
3. Definition der Stichprobengröße

Definition der Grundgesamtheit:

Wie bereits oben erwähnt, sollen nicht nur Patienten sondern auch Ärzte in die Untersuchung einbezogen werden. Es ergeben sich zwei Grundgesamtheiten:

- Die Grundgesamtheit 1 schließt alle 653 netzwerkinternen Ärzte der Region 10 ein.
- Die Grundgesamtheit 2 umfasst ca. 440 000 gesetzlich Versicherte der Region 10 und darunter ca. 250 000 eingeschriebene GOIN Mitglieder.

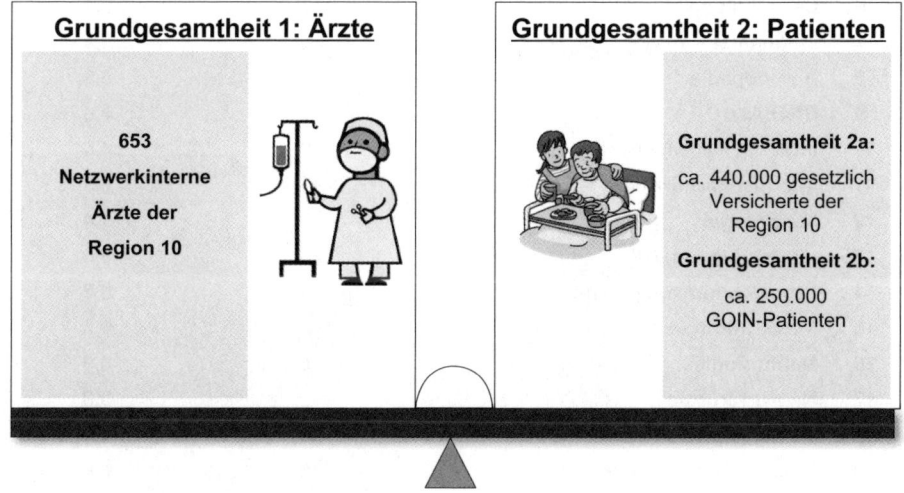

Abb. 25: Definition Grundgesamtheit

Festlegung des Auswahlverfahrens:

Nach der genauen Beschreibung der Grundgesamtheit legt das Projektteam das Auswahlverfahren fest. Laut Auskunft von GOIN spielt die »Fachrichtung des Arztes« eine ausschlaggebende Rolle und ermöglicht als Quotenmerkmal eine wirklichkeitsgetreue Abbildung der Grundgesamtheit in der Stichprobe.

Aufgrund der Tatsache, dass sich für die Studie GOIN forward >> ein Quotenmerkmal (Fachrichtung der Ärzte) ableiten lässt und in Anbetracht der knapp bemessenen Zeit für die Erhebung, entscheidet sich das Team für das Quotenverfahren.

Die folgende Tabelle verdeutlicht die Verteilung der Grundgesamtheit nach der Fachrichtung der Ärzte. Sowohl die Ärzte- als auch die Patienten-Stichprobe sollen nach der Erhebung eine annähernd identische prozentuale Verteilung der Fachrichtungen aufweisen.

Tabelle 25: Fachrichtung der Ärzte als Quotenmerkmal

		Grundgesamtheit	
Nr.	Fachrichtung	Ärzte absolut	% Verteilung
1	Allgemeinarzt	213	32,6
2	Anästhesist	8	1,2
3	Augenarzt	25	3,8
4	Chirotherapie	48	7,4
5	Chirurgie	14	2,1
6	Dermatologe	14	2,1
7	Frauenarzt	35	5,4
8	Homöopädie	5	0,8
9	HNO-Arzt	17	2,6
10	Internist Hausärztlich	30	4,6
11	Internist Fachärztlich	41	6,3
12	Kardiologie	9	1,4
13	Kinder/Jugendarzt	23	3,5
14	Laboratoriumsdiagnostik	1	0,2
15	MKG Chirurgie	2	0,3
16	Nephrologie	6	0,9
17	Neurochirurgie	2	0,3
18	Nervenärzte	10	1,5
19	Nuklearmed.-Diagnostik	5	0,8
20	Onkologie	26	4,0
21	Orthopäden	27	4,1
22	Lungenfachärzte	5	0,8
23	Psychiater	9	1,4
24	Kinder/Jugendpsychologie	2	0,3
25	Radiologie	12	1,8
26	Rheumatologie	5	0,8
27	Urologie	12	1,8

Nr.	Fachrichtung	Grundgesamtheit	
		Ärzte absolut	% Verteilung
28	Sportmedizin	46	7,0
29	Plastische Chirurgie	1	0,2
999	Fehlend	0	0,0
	Summe	653	100,0

Größe der Stichprobe – Ärzte

Grundsätzlich gibt es bei der Definition der Stichprobengröße bei bewussten Auswahlverfahren kein Standardrezept. Es sind Faktoren wie die Art der Befragung, die Größe der Grundgesamtheit, die Kosten der Befragung und die im Anschluss durchzuführenden statistischen Auswertungen zu berücksichtigen.

Aus Erfahrungswerten wird für die Ärzte-Stichprobe eine Zielvorgabe von 20 % vorgegeben, das heißt es sind 130 der 653 Ärzte zu befragen. Die Verteilung der Stichprobe in Bezug auf die Fachrichtung sollte dabei möglichst nahe an der realen Verteilung in der Grundgesamtheit liegen.

Größe der Stichprobe – Patienten

Obwohl bei der Untersuchung nicht das Verfahren der Zufallsauswahl eingesetzt wird, empfiehlt es sich bei einer ausreichend großen Grundgesamtheit die notwendige Stichprobengröße mit der Formel für die Zufallsauswahl zu berechnen. Als Ergebnis dieser Berechnung erhält man die Mindeststichprobengröße, ab welcher eine derartige Erhebung bei einem definierten Stichprobenfehler und zufälliger Auswahl der Probanden, als repräsentativ anzusehen ist.

Hierbei kommt man zu folgendem Ergebnis:

$$N = \frac{t^2 \cdot p \cdot q}{e^2} = \frac{3^2 \cdot 50 \cdot 50}{5^2} = 900 \text{ Personen}$$

Folgende Annahmen liegen dieser Berechnung zu Grunde:

- Das Stichprobenergebnis soll auf +/- 5 % (e = 5) genau sein und
- eine Sicherheit von 99,7 % aufweisen (997 von 1000 möglichen Stichproben fallen in den zulässigen Fehlerbereich; Sicherheitsfaktor: t = 3).
- Da für dieses Projekt p und q im Voraus nicht bekannt sind, wird deren mathematisch ungünstigster Fall von p = 50 und q = 50 angenommen.

Da es sich bei der Patienten-Stichprobe des Projektes GOIN forward>> um eine bewusste Auswahl (Quotenverfahren) handelt und die Stichprobe die Merkmalsstruktur der Grundgesamtheit aufweist, sollte eine Gruppe von weniger als 900 Patienten ausreichend sein, um repräsentative Ergebnisse zu erhalten.

Daten erheben

Da eine direkte persönliche Ansprache der Patienten aufgrund fehlender Kontaktdaten (Namen, Adresse, Telefonnummer) nicht möglich ist, werden die Patientenfragebögen in den Arztpraxen der Region 10 verteilt.

Die entsprechend dem Sampleplan ausgewählten Arztpraxen bzw. Ärzte werden im Vorfeld der Erhebung den einzelnen Projektteammitgliedern zugeteilt, die über die Erhebungsdauer die Arztpraxen betreuen und als Ansprechpartner fungieren. Zu Beginn des Befragungszeitraums sucht jeder Projektteilnehmer die ihm zugeteilten Praxen persönlich auf. Vor Ort wird in den Praxen für das Anliegen der Studie und eine entsprechende Teilnahme geworben, da die Unterstützung des Praxispersonals für eine erfolgreiche Durchführung der Studie unerlässlich ist. Wenn sich eine Praxis zur Studienteilnahme bereit erklärt, werden 50 Patientenfragebögen ausgelegt. Zur Betreuung der Arztpraxen gehört auch, dass sich die Studenten nach einigen Tagen entweder persönlich oder telefonisch nach dem Grad der Beteiligung erkundigen und individuell auf die Situation vor Ort reagieren. So können entweder weitere Patientenbögen nachgelegt werden oder die Studenten animieren die Patienten in den Arztpraxen persönlich zur Studienteilnahme und stehen für etwaige Rückfragen in den Wartezimmern zur Verfügung. Durch diese Maßnahmen soll eine ausreichende Anzahl ausgefüllter Fragebögen – analog zum Sample Plan – sichergestellt werden.

Nach Abschluss des Erhebungszeitraumes werden die Patientenfragebögen von den Studenten persönlich eingesammelt. Folgende Abbildung veranschaulicht den Prozess der Patientenbefragung:

Der Rücklauf der Patientenfragebögen übertrifft alle Erwartungen des Projektteams. Von 3658 ausgelegten Fragebögen wurden 1505 ausgefüllt. Das entspricht einer Rücklaufquote von 41,1 %. Die hohe Resonanz ist vor allem aufgrund der Länge des Fragebogens (sieben Textseiten), der teilweise anspruchsvollen Fragestellungen und des nur zweiwöchigen Erhebungszeitraumes bemerkenswert.

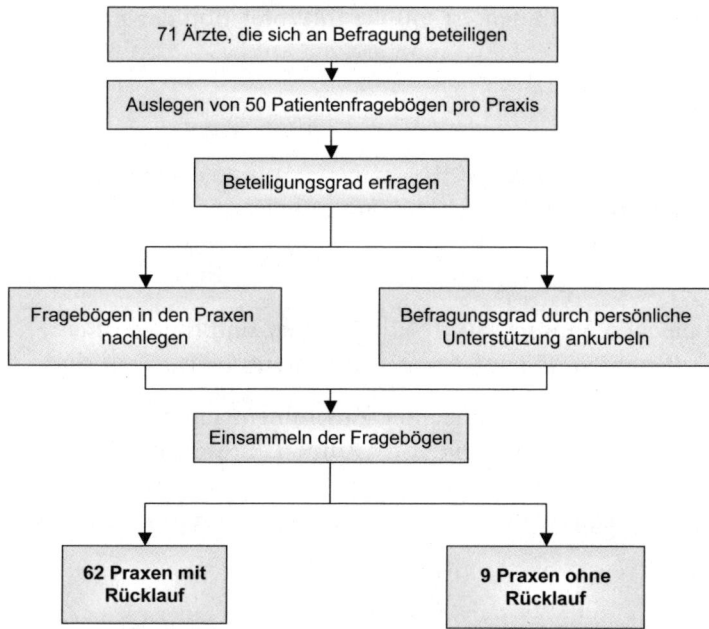

Abb. 26: Durchführung einer Patientenbefragung

5-4 Erhobene Daten analysieren und interpretieren

Im Anschluss an die Erhebungsphase gibt jedes Teammitglied, die von ihm eingesammelten Fragebögen, in bereits vom Auswertungsteam vorbereitete Excel-Tabellen ein, die später in einer SPSS-Datentabelle zusammengeführt werden.

Die Auswertungen werden in der Software »SPSS« durchgeführt und umfassen folgende Verfahren:

- Häufigkeiten
- Kreuztabellen/Chi-Quadrat-Test (Hypothesentest)
- Verfahren der Indexbildung

Für die Hypothesentests werden folgende Signifikanzniveaus angenommen:

$$\alpha < 0{,}01: \quad \text{hoch signifikant}$$
$$\alpha < 0{,}1: \quad \text{signifikant}$$
$$\alpha > 0{,}1: \quad \text{nicht signifikant}$$

Ein kurzes Beispiel zum Hypothesentest soll die Interpretation der Ergebnisse verdeutlichen:

Alternativhypothese:

Patienten, die auf eigenen Wunsch GOIN beigetreten sind, nutzen Leistungen mehr als Patienten, die auf Anraten des Arztes beigetreten sind.

Nullhypothese:

Patienten, die auf eigenen Wunsch GOIN beigetreten sind, nutzen Leistungen nicht mehr als Patienten, die auf Anraten des Arztes beigetreten sind.

Die Auswertung ergab, dass ein signifikanter Zusammenhang zwischen dem GOIN-Beitrittsgrund und der Nutzung von GOIN-Leistungen besteht. Die Vertrauenswahrscheinlichkeit (Signifikanzniveau) von 0,019 lässt auf einen signifikanten Zusammenhang schließen. Die Alternativhypothese wird angenommen.

5-5   Ergebnisse präsentieren und kommunizieren

Im Folgenden werden einige ausgewählte Ergebnisse und mögliche Darstellungsformen exemplarisch vorgestellt.

Den Auswertungen wird eine kurze Legende voran gestellt, die bei der Interpretation der Ergebnisse unterstützt:

• Die Angabe n = x verdeutlicht die Anzahl aller gültigen Nennungen für eine Auswertung.
• Ziffern und Prozentangaben neben den Kuchendiagrammen beziehen sich auf die gültigen Nennungen der Probanden in der jeweiligen Kategorie.
• Aussagen, wie z. B. »X % der befragten Patienten«, beziehen sich jeweils auf die gültigen Nennungen.
• Bei Auswertungen, die 100 % darstellen, kann es aufgrund von Rundungen im Auswertungsprogramm zu Abweichungen ± 1 % kommen.

Die Auswertungsergebnisse der Patientenbefragung unterteilen sich in:

1. Allgemeines
2. Fragen zu diesem Arzt
3. Fragen zu GOIN

1. Allgemeines
FRAGE: Alter der Patienten

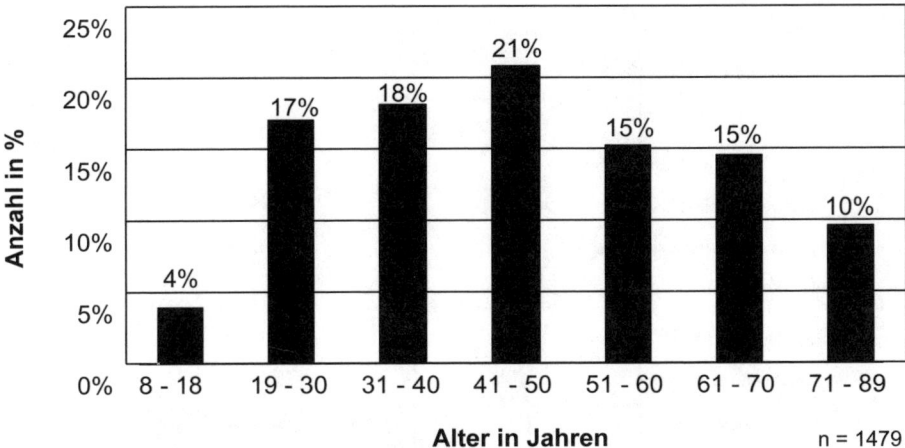

Abb. 27: Häufigkeitsverteilung des Patientenalters

Die Häufigkeitsverteilung des Patientenalters ist durch ein Säulendiagramm dargestellt. Die Verteilung des Patientenalters ähnelt einer Normalverteilung. Statistische Testverfahren können Aufschluss darüber geben, ob dies wirklich zutrifft.

2. Fragen zu diesem Arzt
FRAGE: Beurteilung des Arztes hinsichtlich Wichtigkeit/Zufriedenheit mit Kriterien.

Bei der Auswertung der Fragen nach der Wichtigkeit und Zufriedenheit mit Kriterien zur Charakterisierung des Arztes/der Arztpraxis werden Profildiagramme verwendet. In diesen Diagrammen stellt die durchbrochene Linie die Wichtigkeit und die durchgehende Linie die Zufriedenheit dar. Im Folgenden ist eine konsolidierte Übersicht über alle befragten Patienten dargestellt. Diese Auswertung wird jedoch auch für jede einzelne teilnehmende Arztpraxis erstellt, um aus den Abständen zwischen Wichtigkeit und Zufriedenheit individuelle Strategien für die Zukunft abzuleiten.

Aus der Grafik ist ersichtlich, dass Patienten die **fachliche Kompetenz** des Arztes, gefolgt von der **Zeit für den Patienten** als am wichtigsten bewerten. Die **Mitgliedschaft bei GOIN** wird im Vergleich zu den anderen Kriterien als am wenigsten wichtig eingeschätzt.

Am zufriedensten sind die Patienten derzeit mit der **fachlichen Kompetenz** des Arztes, sowie der **Freundlichkeit des Arztes** und des **Praxispersonals**.

Diese globale Einschätzung kann natürlich von Praxis zu Praxis individuell variieren.

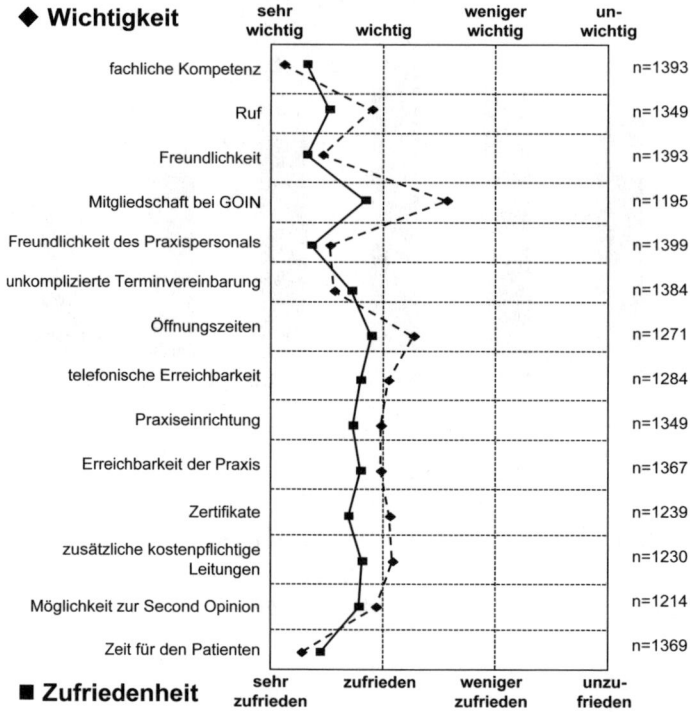

Abb. 28: Beurteilung des Arztes hinsichtlich Wichtigkeit/Zufriedenheit

Die Angaben der Patienten lassen sich auch nach verschiedenen Gruppen differenzieren, z. B. nach dem Alter der Befragungsteilnehmer. Im folgenden Profildiagramm werden beispielsweise die unterschiedlichen Altersgruppen (bis 30 Jahre, 31 bis 55 Jahre und ab 56 Jahre) bezüglich ihrer Einschätzung zur Wichtigkeit der abgefragten Kriterien dargestellt und interpretiert.

Das Profildiagramm lässt erkennen, dass beispielsweise **Unterschiede** in der Beurteilung der Wichtigkeit des Kriteriums »GOIN-Mitgliedschaft« in Abhängigkeit vom Alter der Patienten bestehen. Jüngere Patienten (bis 30 Jahre) beurteilen die **Mitgliedschaft** des Arztes **bei GOIN** im Vergleich zu älteren Patienten (ab 56 Jahre) als weniger wichtig.

Hypothese: »Patienten, die GOIN-Mitglied sind, sind mit ihrem Arzt zufriedener als Patienten, die kein GOIN-Mitglied sind.«

Um die oben angeführte Hypothese prüfen zu können ist es notwendig, einen Zufriedenheitsindex zu ermitteln. Dabei wird den einzelnen Antwortkatego-

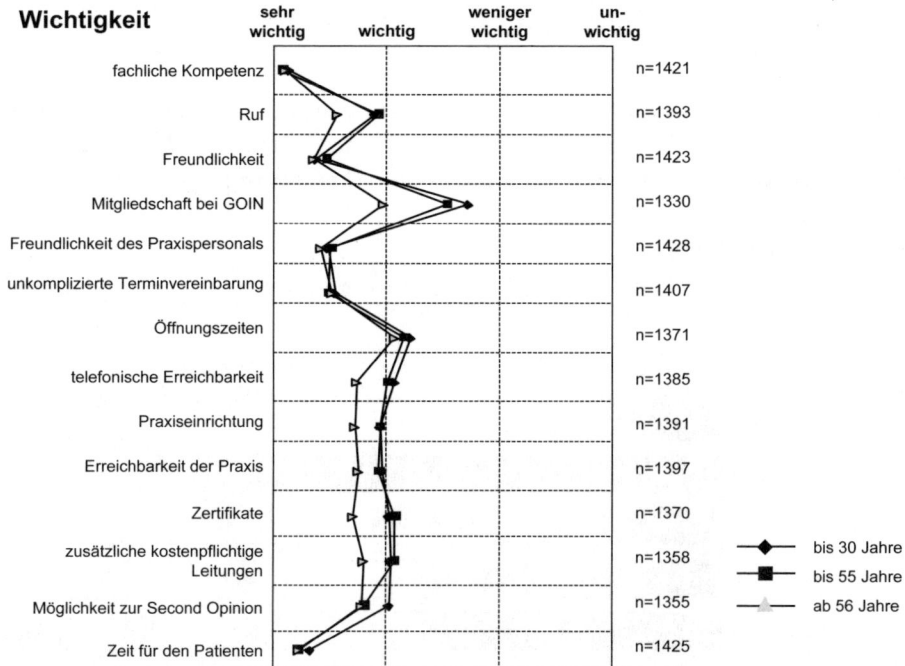

Abb. 29: Unterschiede in der Einschätzung der Wichtigkeit (differenziert nach dem Alter)

rien ein Zahlenwert zugeordnet (sehr zufrieden = 1, zufrieden = 2, weniger zufrieden = 3, unzufrieden = 4), d. h. die Abstände zwischen den Kategorien werden als gleich groß angenommen. Der Index errechnet sich im Folgenden aus der durchschnittlichen Gesamtzufriedenheit der Patienten, die sich wiederum aus den ungewichteten Teilzufriedenheiten der einzelnen Patienten zusammensetzt.

3. Wie **zufrieden** sind Sie mit den folgenden Kriterien **bei diesem Arzt?** *Bitte kreuzen Sie bei jedem Kriterium an, wie zufrieden Sie damit sind.*					**Teilzufriedenheit**
	sehr zufrieden	zufrieden	weniger zufrieden	un- zufrieden	
fachliche Kompetenz des Arztes	☐	☐	☐	☐	**z1**
Ruf des Arztes	☐	☐	☐	☐	**z2**
Freundlichkeit des Arztes	☐	☐	☐	☐	**z3**
Mitgliedschaft des Arztes bei GOIN	☐	☐	☐	☐	...
Freundlichkeit des Praxispersonals	☐	☐	☐	☐	...

Gesamtzufriedenheit pro Patient

Abb. 30: Auszug aus dem Patientenfragebogen

Die durchschnittliche Gesamtzufriedenheit wird bei einer Gleichgewichtung aller Kriterien mit 1,58 bewertet.

Die Hypothesenprüfung ermittelt einen signifikanten Zusammenhang zwischen der GOIN-Mitgliedschaft und der Zufriedenheit mit dem Arzt. Die Hypothese kann bei einem Signifikanzniveau von 0,03 angenommen werden.

3. Fragen zu GOIN

FRAGE: Wie beurteilen Sie die folgenden bestehenden Leistungen von GOIN?

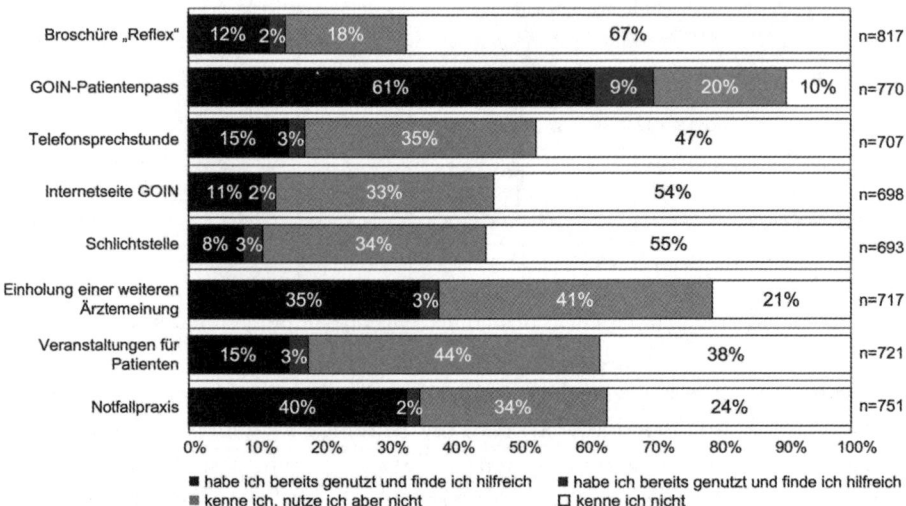

Abb. 31: Beurteilung der bestehenden Leistungen von GOIN

Die Patienten beurteilen die Notfallpraxis und den GOIN-Patientenpass als sehr hilfreich. Teilweise überhaupt nicht bekannt sind allerdings die Broschüre »Reflex« und die Schlichtstelle.

Hypothese: »Chronisch kranke GOIN-Patienten nutzen mehr der verschiedenen GOIN-Leistungen als nicht chronisch kranke Patienten.«

Zur Prüfung dieser Hypothese wird wiederum ein Index über das Nutzungsverhalten von GOIN-Leistungen gebildet. Eine breite Leistungsnutzung wird angenommen, wenn mehr als 50 % der angegebenen Leistungen in Anspruch genommen wurden und eine geringe Leistungsnutzung, wenn weniger als 50 % der Leistungen von den Patienten genutzt wurden.

Der vermutete Zusammenhang zwischen einer chronischen Erkrankung und dem Nutzungsverhalten von GOIN-Leistungen kann im Hypothesentest nicht bestätigt werden. Mit einem Signifikanzniveau von 0,12 besteht **kein signifikanter** Zusammenhang. Die Hypothese wird abgelehnt.

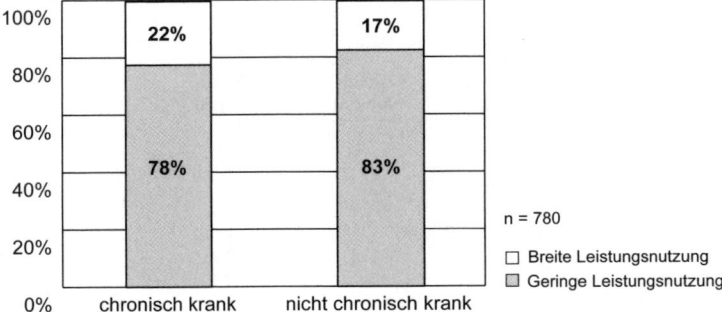

Abb. 32: Zusammenhang chronische Erkrankung und Leistungsnutzen

FRAGE: Wie wichtig sind für Sie die folgenden möglichen zukünftigen Leistungen?

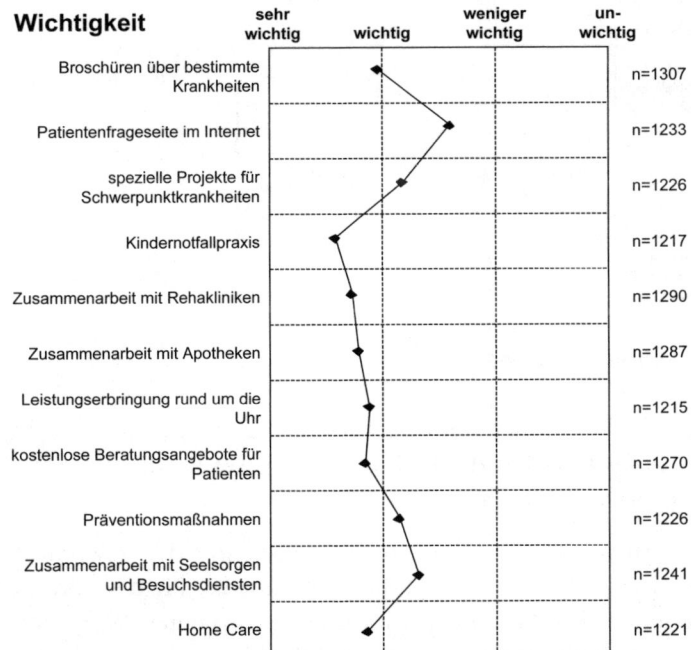

Abb. 33: Beurteilung der Wichtigkeit der zukünftigen Leistungen

Für die befragten Patienten sind die möglichen zukünftigen GOIN-Leistungen **Kindernotfallpraxis**, **Zusammenarbeit mit Reha-Kliniken** und

Apotheken am wichtigsten. Als am wenigsten wichtig wird die **Patienten-frageseite im Internet** von den Patienten eingestuft.

FRAGE: Bitte beurteilen Sie die folgenden Aussagen. Bitte kreuzen Sie an, inwieweit Sie zustimmen.

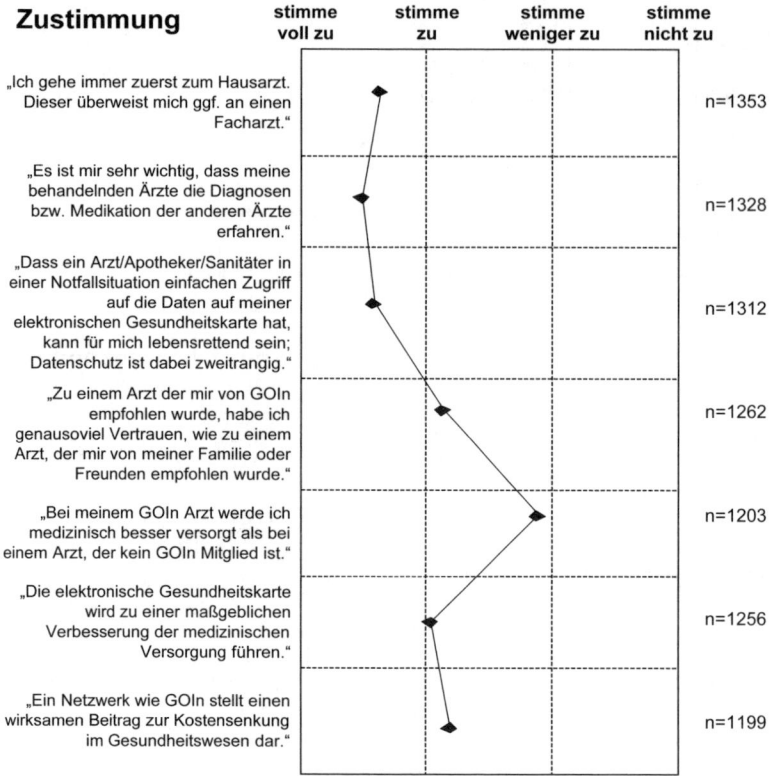

Abb. 34: Zustimmung der Patienten zu den Aussagen

Die Auswertung des Zustimmungsgrades zu verschiedenen Aussagen ergibt beispielsweise, dass eine **GOIN-Mitgliedschaft des Arztes** für die Einschätzung der Qualifizierung des Arztes nicht ausschlaggebend ist.

Im Anschluss an die Auswertung erfolgte die Interpretation der gewonnen Informationen, um daraus Handlungsempfehlungen für das Praxisnetzwerk GOIN ableiten zu können. Das Studententeam führt hierzu einen Workshop durch, in dessen Rahmen alle wichtigen Themenbereiche einzeln durchleuchtet werden. Basis für den Workshop ist eine Vorlage, in der das Diskussionsthema und die Ist-Situation (Ergebnisse der Studie) kurz dargestellt sind. Im Team werden die einzelnen Punkte diskutiert und systematisch Empfehlungen für GOIN abgeleitet.

Eine zentrale Erkenntnis der Studie ist, dass GOIN ein durchgängiges Marketing- und Kommunikationskonzept entwickelt sollte, um den Netzwerknutzen für Patient und Arzt, aber auch Selbsthilfegruppe, Krankenhaus, Krankenkasse und nicht zuletzt Öffentlichkeit und politische Träger deutlicher heraus zu stellen und Möglichkeiten zu finden, die GOIN-Vorteile nach innen und außen verständlich und wirksam zu kommunizieren. Ein weiterer wichtiger Aspekt ist die zielgruppenspezifische Ansprache von Patientengruppen, etwa durch gezielte Kommunikationsmaßnahmen und Angebote für chronisch Kranke.

Tabelle 26: Handlungsempfehlungen

Thema	Ist-Situation	Empfehlungen
Zusammenhang zwischen chronischer Erkrankung und Lebensalter	Zusammenhang besteht	• Definition von Zielgruppen und Optimierung der Kommunikation/des Leistungsangebotes auf die spezifischen Anforderungen • Beispiele für mögliche Zielgruppen: – Chronisch Kranke – Senioren (z. B. Präventionsangebote)
Zusammenhang zwischen chronischer Erkrankung und GOIN-Mitgliedschaft	Zusammenhang besteht	• Entwicklung/Angebot spezieller Disease-Management-Programme (inkl. intensiver Nachsorge) für spezifische chronische Krankheitsbilder (z. B. Diabetes, Herzkreislauf)
Motivation für GOIN-Mitgliedschaft	Hoher Grad der Steuerung durch den Arzt	• Entwicklung konkreter Richtlinien/Vorgaben für die Aufnahme neuer GOIN-Mitglieder (z. B. Information, Beratung durch den Arzt) • Aktivierung der bestehenden GOIN-Patienten über Ärzte (z. B. gesteuerter Versand von Informationsbroschüren, Merkblättern) • Analyse von Möglichkeiten der Rekrutierung von Neumitgliedern jenseits der Arztsteuerung (Höherer Nutzungsgrad von GOIN-Leistungen bei Mitgliedern, die auf eigenen Wunsch beigetreten sind)

Die aus der Marketingforschungsstudie gewonnen Ergebnisse werden zum Projektabschluss durch die Studenten vor einem hochrangigen Expertengremium präsentiert. Die Studienergebnisse und Handlungsempfehlungen wurden von den Fachleuten mit großem Interesse aufgenommen und intensiv diskutiert.

6 Hilfreiche Internetadressen

Berichte von öffentlichen Stellen und Wirtschaftsverbänden

Bundesbank	www.bundesbank.de
Bundesministerium für Wirtschaft und Technologie	www.bmwi.de
Bundesministerium für wirtschaftliche Zusammenarbeit und Entwicklung	www.bmz.de
European Free Trade Association	www.efta.int
Eurostat	http://epp.eurostat.ec.europa.eu/
Food and Agriculture Organization of the United Nations	www.fao.org
World Trade Organization	www.gatt.org
International Monetary Fund	www.imf.org
Industrie- und Handelskammer	www.ihk.de
National Statistic Offices	http://unstats.un.org/unsd/methods/inter-natlinks/sd_natstat.asp
Organization for Economic Co-Operation and Development	www.oecd.org
Statistisches Bundesamt	www.destatis.de
United Nations Conference on Trade and Development	www.unctad.org
United Nations	www.un.org
Weltbank	www.worldbank.org
World Fact Book	www.cia.gov/library/publications/the-world-factbook/index.html
Verband der Automobilindustrie	www.vda.de
Verband Deutscher Maschinen- und Anlagenbau	www.vdma.org
Zentralverband Elektrotechnik- und Elektronikindustrie	www.zvei.org
International Trade Statistics (WTO)	www.wto.org/english/res_e/statis_e/statis_e.htm

Veröffentlichungen spezieller Institute und Marktforschungsdienstleister

A.C. Nielsen	www.acnielsen.de
Bundesverband der Deutschen Industrie	www.bdi-online.de
Deutsches Institut für Wirtschaftsforschung, Berlin	www.diw-berlin.de
GfK	www.gfk.com
Hamburger Weltwirtschaftsarchiv, Hamburg	www.hwwa.de
Institut der deutschen Wirtschaft, Köln	www.iwkoeln.de
Institut für Weltwirtschaft, Kiel	www.uni-kiel.de/ifw
Institut für Wirtschaftsforschung, München	www.ifo.de
Psychonomics AG	www.psychonomics.de
Psyma Group AG	www.psyma.de
Rheinisch-Westfälisches Institut für Wirtschafts-forschung, Essen	www.rwi-essen.de
TNS Infratest	www.tns-infratest.com
Harvard Business Publishing	www.hbsp.harvard.edu
Brand Eins	www.brandeins.de
The McKinsey Quarterly	www.mckinseyquarterly.com
The World Competitiveness Yearbook	www.imd.ch/

Wirtschaftspresse, Fachzeitschriften, Bücher

Absatzwirtschaft	www.absatzwirtschaft.de
Economist Country Briefings	www.economist.com/countries/
Handelsblatt	www.handelsblatt.de
Wirtschaftswoche	www.wiwo.de
World Newspaper Online	www.actualidad.com
Elektronische Zeitschriftenbibliothek	http://ezb.uni-regensburg.de
Karlsruher virtueller Katalog	www.ubka.uni-karlsruhe.de/kvk.html

Wirtschaftswissenschaftliche Fachdatenbanken, Information Broker

Datenbank-Infosystem (DBIS)	www.bibliothek.uni-regens-burg.de/dbinfo
Die Deutsche Industrie	www.sachon-diedeutscheindu-strie.de/cl/sid.php
FIZ-Technik	www.fiz-technik.de
German Business Information (Genios)	www.genios.de
Hoppenstedt	www.hoppenstedt.de
Amadeus	www.bvdep.com
Virtuelle Fachbibliothek Wirtschaftswissenschaften	www.econbiz.de
Global Financial Data	www.globalfinancialdata.com
Business Source Elite/Premier	www.ebscohost.com

Weiterführende Informationen zum Buch

Professor Dr. Raab Consulting	www.professor-raab.com

Literaturverzeichnis

Arens-Fischer, W.; Steinkamp, T.: Betriebswirtschaftslehre. Oldenbourg, München, 2000.

Atteslander, P.: Methoden der empirischen Sozialforschung. 12., durchgesehene Auflage, Schmidt (Erich), Berlin, 2008.

Backhaus, K. et al.: Multivariate Analysemethoden: Eine anwendungsorientierte Einführung. 11., überarbeitete Auflage, Springer, Berlin, 2006.

Becker, W.: Beobachtungsverfahren in der demoskopischen Marktforschung: ein Beitrag zur Methodendiskussion und praktischen Anwendung auf Lebensmittelmärkten. Ulmer, Stuttgart, 1973.

Berekoven, L. et al.: Marktforschung: methodische Grundlagen und praktische Anwendung. 11., überarbeitete Auflage, Gabler, Wiesbaden, 2006.

Bortz, J.; Döring, N.: Forschungsmethoden und Evaluation für Human- und Sozialwissenschaftler. 4., überarbeitete Auflage, Springer, Heidelberg, 2006.

Braehmer, U.: Projektmanagement für kleine und mittlere Unternehmen: schnelle Resultate mit knappen Ressourcen. Hanser Wirtschaft, München, 2005.

Brosius, F.: SPSS 14: das mitp-Standardwerk. Mitp-Verlag, Heidelberg, 2006.

Bruhn, M.: Marketing: Grundlagen für Studium und Praxis. 8., überarbeitete Auflage, Gabler, Wiesbaden, 2007.

Dannenberg, M.; Barthel, S.: Effiziente Marktforschung: Fachkompetenz. Moderne Industrie Verlag, Frankfurt (Main), 2004.

Diekmann, A.: Empirische Sozialforschung: Grundlagen, Methoden, Anwendungen. vollständige Überarbeitung und erweiterte Neuausgabe, 18. Auflage, Rowohlt-Taschenbuch-Verlag, Reinbek bei Hamburg, 2007.

Green, P.; Tull, D.: Methoden und Techniken der Marketingforschung. 4. Auflage, Poeschel Verlag, Stuttgart, 1982.

Hammann, P.; Erichson, B.: Marktforschung. 5., neubearbeitete Auflage, UTB, Stuttgart, 2006.

Heimbold, R.: Endlich im grünen Bereich: Projektmanagement für jedermann. Mitp-Verlag, Bonn, 2005.

Herrmann, A. et al.: Handbuch Marktforschung: Methoden, Anwendungen, Praxisbeispiele. 3., vollständig überarbeitete und erweiterte Auflage, Gabler, Wiesbaden, 2008.

Hüttner, M.; Schwarting, U.: Grundzüge der Marktforschung. 7., überarbeitete Auflage, Oldenbourg, München, 2002.

Janssen, J.; Laatz, W.: Statistische Datenanalyse mit SPSS für Windows: eine anwendungsorientierte Einführung in das Basissystem und das Modul Exakte Tests. 6., neu bearbeitete und erweiterte Auflage, Springer, Berlin, 2007.

Kamenz, U.: Marktforschung: Einführung mit Fallbeispielen, Aufgaben und Lösungen. 2., durchgesehene Auflage, Schäffer-Poeschel, Stuttgart, 2001.

Koch, J.: Marktforschung: Begriffe und Methoden. 4., überarbeitete und erweiterte Auflage, Oldenbourg, München, 2004.

Kotler, P. et al.: Marketing-Management: Strategien für wertschaffendes Handeln. 12., aktualisierte Auflage, Pearson Studium, München, 2007.

Lehmeier, H.: Grundzüge der Marktforschung. Kohlhammer, Stuttgart, 1979.

Meffert, H.: Marketingforschung und Käuferverhalten. 2., vollständig überarbeitete und erweiterte Auflage, Gabler, Wiesbaden, 1992.

Meffert, H.: Marketing: Grundlagen marktorientierter Unternehmensführung. 9., überarbeitete und erweiterte Auflage, Gabler, Wiesbaden, 2000.

Meffert, H. et al.: Marketing: Grundlagen marktorientierter Unternehmensführung. 10., vollständig überarbeitete und erweitere Auflage, Gabler, Wiesbaden, 2008.

Minto, B.: Das Prinzip der Pyramide: Ideen klar, verständlich und erfolgreich kommunizieren. Pearson Studium, München, 2005.

Nieschlag, R. et al.: Marketing. 19., überarbeitete und ergänzte Auflage, Duncker & Humblot, Berlin, 2002.

Pospeschill, M.: Statistische Methoden: Strukturen, Grundlagen, Anwendungen in Psychologie und Sozialwissenschaften. Spektrum Akademischer Verlag, München, 2006.

Raab, G. et al.: Methoden der Marketing-Forschung: Grundlagen und Praxisbeispiele. Gabler, Wiesbaden, 2004.

Schnell, R. et al.: Methoden der empirischen Sozialforschung. 8., unveränderte Auflage, Oldenbourg, München, 2008.

Stier, W.: Empirische Forschungsmethoden. 2., verbesserte Auflage, Springer, Berlin, 1999.

Stöger, R.: Wirksames Projektmanagement: Mit Projekten zu Ergebnissen. 2., überarbeitete Auflage, Schäffer-Poeschel, Stuttgart, 2007.

Weis, H. C.; Steinmetz P.: Marktforschung. 6., überarbeitete und aktualisierte Auflage, Kiehl, Ludwigshafen (Rhein), 2005.

Wellenreuther, M.: Grundkurs: Empirische Forschungsmethoden: für Pädagogen, Psychologen, Soziologen. Athenäum Verlag, Königstein/Ts., 1982.

Stichwortverzeichnis

Wolfgang Fritz
Dietrich von der Oelsnitz

Marketing

Elemente marktorientierter
Unternehmensführung

4., überarb. u. erw. Auflage
2006. 366 Seiten, 65 Abb. Kart.
€ 27,–
ISBN 978-3-17-019286-7

Erfolgreiche Unternehmensführung setzt marktorientiertes Denken und Handeln des Managements voraus. In diesem einführenden Buch werden die wichtigsten Elemente der marktorientierten Unternehmensführung erläutert - von der Marketing-Analyse über die Planung und Implementierung der Marketing-Konzeption bis hin zur Marketing-Kontrolle. Darüber hinaus werden zentrale aktuelle Herausforderungen für die marktorientierte Unternehmensführung verdeutlicht - etwa der gesellschaftliche Wandel aufgrund tiefgreifender demographischer Veränderungen, die weiter wachsende Bedeutung neuer Informationstechnologien, insbesondere des Internet, sowie die Notwendigkeit eines fundamentalen organisationalen Wandels vieler Unternehmen in Richtung auf eine höhere Kunden- und Wettbewerbsorientierung.

zum Buch:
„Das Buch fasst sehr präzise die wichtigsten Elemente einer modernen Marketing-Konzeption zusammen und eignet sich deshalb ganz hervorragend für einen differenzierten Einblick in die Probleme des modernen Marketing."

Prof. Dr. Klaus Backhaus, Universität Münster

Prof. Dr. Wolfgang Fritz lehrt Marketing an der TU Braunschweig und an der Universität Wien; **Prof. Dr. Dietrich von der Oelsnitz** lehrt Unternehmensführung an der TU Ilmenau.

W. Kohlhammer GmbH
70549 Stuttgart · Tel. 0711/7863 - 7280 · Fax 0711/7863 - 8430